..........This Sudoku..........

......Puzzle Book......

........Belongs To........

____

____

____

Solving Tips

- **Start by scanning for filled cells and filling in obvious numbers.**
- **Identify and fill in cells with only one possible number.**
- **Use pencil marks to narrow down possibilities in each cell.**
- **Focus on rows and columns with fewer missing numbers.**
- **Apply techniques like Box-Line, Swordfish, and X-Wing for advanced puzzles.**
- **If stuck, try trial and error with educated guesses.**
- **Practice regularly to improve your Sudoku-solving skills.**
- **Use online tools for hints and step-by-step solutions if needed.**

Sudoku Puzzle 1

		5						
	9	6	7			8	4	
4								
	7	2	6	8				
				9				
6					1	9		
	2		8			4		3
		8	1					7
1	4		3		7	5		

Sudoku Puzzle 2

		7			3	2		
					5	4	9	
		6	4					
		4					3	
1	7							
3		2		6	1			8
			5		7			
						9		
	5	9		4			1	6

Sudoku Puzzle 3

						8		
		8						
4				6	1			
8	9	1					7	
			9	7				1
2				5		6	9	
		7				9	4	8
6			5	4				7
	2		7				6	

Sudoku Puzzle 4

				5	1			
				7	6			
	7			9		8		3
8	4							
1		2	6			4	3	7
5	3		9	2				6
4								9
	8	9						
2						6		

Sudoku Puzzle 5

	7			2				
5			6			1		3
	3			1		4	9	
	1		5					
			2			3		1
8	6	4						
		5				9		
					1	5	4	8
	4							

Sudoku Puzzle 6

9				3		1		6
							8	
3		8			6			9
	2						3	
		5				9		
		7		1				4
			1		2			
	6				9		4	
			8		7	6	9	

Sudoku Puzzle 7

5		8	3				2	7
				2				6
		7			6		3	
	9	2	5					
	7					3		
		1	4		7		8	
						2		
6	8							4
1						5	7	

Sudoku Puzzle 8

3							8	9
		4		3		6		2
	6		9	5				4
		5				3		
2			8		4		5	
6			5					1
	2						6	
		7		6				
					2	8		3

Sudoku Puzzle 9

8	2							
		4				9		6
		1	8			5		
				8				
			6		1		5	7
		5	4				6	8
	5	2			8		7	
	1		5		2			
9	4						3	

Sudoku Puzzle 10

6		7			9		4	
			8					
			1	5			8	3
2						1		
	7	3	5		1			
			6	4				
7			4	1				6
4							3	
	2				7	9		

Sudoku Puzzle 11

4					3		1	
3		1	9		6	5	4	
6			5	1		9		3
		3	2					
					9	4		5
	7			3				8
	4							7
		5			2			
	1							

Sudoku Puzzle 12

	7	8		9		1		
3	1		7					2
							4	
				7				
2	5		9			7		8
	9		1			5		6
						8		
			6		7	3		
1				2				9

Sudoku Puzzle 13

4			6	1		5		
	7					8		
		9			2			4
5	1					2		
		7			3			
						4	1	
	9		8	6		3		2
3		5						1
		6		5				

Sudoku Puzzle 14

9					1			5
6		3				9		
				3		1		8
	6							
1	7	4			2	6		9
3		2	1					
	2					8	9	
		1	5	8		2		
4								

Sudoku Puzzle 15

		5		6			2	
9	2	6		5		1	8	
	3					7		1
	4				9			
		1	8					
2	6	3		8		4		
4	1					9	3	8
							6	

Sudoku Puzzle 16

		6						
4				8				5
5			4				2	
				4	7	1		
							4	
7		3		5	1			
		5		2			6	3
2		7	6			5		
			7			9		

Sudoku Puzzle 17

		5	9	7			8	
		7		8	2	3		
				5		4		
7			1			9		3
	3			9	7		1	2
					5			
		2				6		
4				3		2		
					4			9

Sudoku Puzzle 18

7		2	1					
8	6				5			
	5					4	8	
					6			
9	2		8		4			1
	1		9					
		5				7		
	8			6	2		5	9
		1			7			8

Sudoku Puzzle 19

				9	2			5
5			3					
	7	9						
8						2		
				7	6			
		4			5		8	6
	4	7					1	
				5	7		9	2
	3				8		7	

Sudoku Puzzle 20

	2							
4				9			1	8
				8	2			3
	3		7	2		9		
		4	5					
			6		8			
		9	2	7		8		
	4			5		3		
		7			3		4	

Sudoku Puzzle 21

		6		4	3			5
						8		6
	2			9				
		1	5			4		
2					7	5	9	3
	7			3				
		8	7		4		6	9
				6	2			4

Sudoku Puzzle 22

	4						7	
		9		5	1			4
				8	7			
				2		6		8
		8	7			3	5	
		3					2	
			3					1
1			2	4		5	9	6
9						7		

Sudoku Puzzle 23

9	3							
			8			2		
	2	1		6		9		3
				1	5	6		
	5	8		7				9
				8		3	4	
	1							
	9	2	5					7
7					3			

Sudoku Puzzle 24

5				1	9			
		9			7		1	
6	8					3		
		8		3		6		
	5			9			3	2
	2							8
	3			7			9	
						4		
7		5					2	

Sudoku Puzzle 25

							3	
	6	1	9				5	
		4			7	1		8
		7						
1	9			2				6
2	3					9	8	
			7					1
		9				8		
	2		1	3				9

Sudoku Puzzle 26

		6			3			
			9			3		
7			4	1				
				7	8	2	3	
9			5	4				6
3							2	
4		1		2		6		
			3	8		4	5	

Sudoku Puzzle 27

6	5						8	1
	4			3				
			9			8	5	
				8	7			3
	1		5					
		5		2		4		
		4	6		1		7	
2		7			4	9		

Sudoku Puzzle 28

		5	8				4	
9					5			
	1		9	7		6		
3					6		8	5
		6					1	
		4						7
7	3							
	4	8	7	5				3
		1	3					

Sudoku Puzzle 29

				9	4	7		
3				6		5		
5						8		1
		1	3				5	
			2		5		6	
6		9	8		2	1		
	5			7	9	4		8
7		3						

Sudoku Puzzle 30

			2					
	4			8	9			
3			4		6	1	5	2
				5		2		
			3		4			6
			9				1	7
2					7	8		
6		5					2	1
		1						

Sudoku Puzzle 31

	6				2			
	9					6	8	
			9		5			4
		1			8	3		
7	2	4	1			5		
8		6	5					
		8		2				
				5				6
		5	3				1	

Sudoku Puzzle 32

		5						
				9			6	7
			8	5	6			
				1				
	8		5		2			
4		7				8		1
1				8		7		6
	4	8		7				5
		2	3					

Sudoku Puzzle 33

		6						9
						4	2	1
2	8	1		7	9	6	5	
7								
	4		3	8			9	
	2					5	8	
				9			1	
9	3				4			
				5				

Sudoku Puzzle 34

	6	2		3	8		4	
8	1							6
		4	9	5	6			
		3	6		7		5	
	7		3	1				4
2				8				
9								8
					2	1		
	5							

Sudoku Puzzle 35

	5		4					
		9		5		1		3
					2		6	
					4	7		
7	1		8					5
8							2	
		3		1			7	
	7				6	9	5	
6					7			

Sudoku Puzzle 36

			6					9
						1		5
	8		7		9		2	
2	1							
	7	4		5	3			
8								3
	9		8					
			5		1			
7	5			4	2		1	

Sudoku Puzzle 37

	5		4		8	3		9
7			6	1				8
		3	2					
2		4				6	5	
		7						
4			8			2		6
	9		7		4			1
		1				4		

Sudoku Puzzle 38

4						6	5	
6		7	3					
					2	3		
	4	2				8		
	5	3			1	9		4
1				4			3	
5					9		1	
	9							
		1						7

Sudoku Puzzle 39

		2			8	1		
	5							
		9					7	
		1	7			5		
		6	1	4	3	7		
7	3						1	
				8	7			
	4			9		8		7
	9		4		6		3	

Sudoku Puzzle 40

	2		7				3	
	6				9	2		1
				2			8	
		5			6			
9		8						
			9	4				
	3						6	2
	8				7			
		1	6	9		3		7

Sudoku Puzzle 41

	6					4		2
				5				3
		1			9	8		
6								
		4	7	6	8			
5	2			4		6		
7	3		1					
			2	9			7	
9							6	

Sudoku Puzzle 42

		5		1	2			9
6	7				8	1		
3			9					
						2	5	3
		8					6	
	9	3		2				4
					1		7	5
7			5	4				

Sudoku Puzzle 43

6				2	7	8	3	4
								1
	3	4						
			9		6	7		
	8	7		5				
	2		1		3			
							4	
4					9	6		5
	5							8

Sudoku Puzzle 44

4	9		2				8	6
8				4			9	
1			5	9				4
						9	4	
3				2				
	8	7						
							3	
		2	4	6	5	7		
				7				

Sudoku Puzzle 45

3		6		4				
					1			
		2			3	5	1	
	8	1	5			3		
			2	8		9		
2					6	8		
			7		8	1		9
								7
7							5	3

Sudoku Puzzle 46

2			1		4			
					7	8	2	4
								3
	8			2	9			
	7					3		8
1								2
			4	9				
	5			6	8			
		6	5			1	3	

Sudoku Puzzle 47

2			8	4				
3	7			1				4
			3			1		
	2				6		5	1
		7	1				9	
	4						8	6
	9						3	7
	6				7			2

Sudoku Puzzle 48

		3	6			7		2
		7		1				
	8							
7		2	4				9	
	4	1	3		5			
		6	1				2	
	7			6				3
6				4				9
	1		9			8		

Sudoku Puzzle 49

		5		4				8
8	1	7	6	9				
3		6						
				6				
			5		9			
4	2			8			1	
9		4			2	5		
	5							
6					7		8	9

Sudoku Puzzle 50

		1	7		6			
				2				
	3			1	8		5	
	6					4		
		3					2	
		5	9	3	2			
		9			5	7		
6			8					
5			3		1	6	4	

Sudoku Puzzle 51

				7	3		9	
			5	1				
	2					6		
			8	2			5	
	7	2		3		8		
		8	1			7		
2			3					1
8					4	5		
5				8		4	2	

Sudoku Puzzle 52

			4					
		8		6				7
	5	1	2	7		3		
						9	2	
		7	5	1	6		3	
		4		8		7		2
	8			5			6	
2					1			

Sudoku Puzzle 53

	3					4		
1		2	6					
			2		4			8
4			9			2		5
			4				3	1
7	8						9	4
					5		8	
								7
2	5		3	4				

Sudoku Puzzle 54

	7			9		1	2	
	3							
5						8	9	6
9								8
8			1		6			
	2						7	
		2	6					7
7		6	3			2	8	
		3		2				1

Sudoku Puzzle 55

5			6					8
		8			2		9	
	6		1		9			
6	7				8			
2	5			9				
		9	2					3
1					5	3	6	
			3			9		
				2	4			7

Sudoku Puzzle 56

	1			7				
	2					5		
4		5					3	9
1		7		9	6	2		
			5					1
2	8					3		
9					2			
7	4			5				
	6	8				1		

Sudoku Puzzle 57

					9	1		
	4	9		8	5		6	
		8						
				3				
5			9	1	4	2		
		1		5	2	9		
							7	9
				9		5		
7		6				4		1

Sudoku Puzzle 58

		9	8				7	
						3		
	1		5	7				
	7				5	4	6	
	5				7			
3	6	8		4				
2						6	5	
7				3		9		
							4	1

Sudoku Puzzle 59

				8	4			
6			2					3
	5		3					
4				7				1
		6			3	8		
					1	7		9
							8	
		3			7	1		6
5			6			9	4	

Sudoku Puzzle 60

6		9					4	
		2	9		1			
		7						8
						3	2	5
			2	8			1	6
	5		6	3				
	1						6	4
		3					5	
				1	8			7

Sudoku Puzzle 61

								5
2	7						9	
		9	7					
9		7		5	2	3		6
	3		1			9		
				8				
	9		5					
		1			7		8	
5					9	6		2

Sudoku Puzzle 62

				3	9	6		1
	2							
5				4				7
						4		
8			7		4			3
			6	5			9	8
		5	9				6	
	1							5
	4		1			8	3	

Sudoku Puzzle 63

7				5				
	3						9	
2	1	5	3				8	
		8		9			2	7
			7	8		1		
8					6		5	9
	2	1					3	
	9					6	7	

Sudoku Puzzle 64

9		7	6	8				
2		3			5	4	7	
		8			6	2	9	5
			8	4		1		
			4	6			5	
	3	9	7			6		
8						9	2	

Sudoku Puzzle 65

	7	3						
			8				4	
2		1		3	7			
			6		9	5		8
					1	2	6	
	8						1	
			9		3			1
	3	6						7
7		8						

Sudoku Puzzle 66

	2	7			6			
9				1	4			6
	4					5	9	
		1		4			3	5
	7			2	8			
						2		
	9		7			1	2	
	1					8		
5								

Sudoku Puzzle 67

	4	9						
		8	3	4	2			
		1					3	
	3	7	4			8		2
					5		1	7
2			7					
	8			9				
							6	
4			5	3			9	

Sudoku Puzzle 68

		6				1		3
3				4				
	5		3		8			
4						3		8
	6	5			3		7	
				5		6		
8					6			5
	7	2	5					
	3				4	8	9	

Sudoku Puzzle 69

	7				3	5		
			7				3	
2	8					4	7	
				8		3	6	
	4	7				2		
	5	6		7				
		5		2		9		
			1					3
				5	4	8		1

Sudoku Puzzle 70

				9	8			
9			5	6		3	2	
	2						8	
	4	5				7		
	3	9			2	8		
					3	9		
3					5		4	
4			6		1			
		8		4				3

Sudoku Puzzle 71

9		6	1		2			8
	1			9				
						6		
4	5		6	3				
		8		2				1
	2	1			7			5
2		9	4					
								7
	3					8	2	

Sudoku Puzzle 72

				6	9			
	2		8					
9			2			8	4	7
	6	1		3			2	9
4						3		
	9							4
				5	2	6		
		7			6	9	1	
					8			

Sudoku Puzzle 73

	1	5		6	8	7		
					1	3		
2							4	
	7		9					4
		1						
		4	7				1	
8	5				3	2	9	
		7						
		9		2	5			

Sudoku Puzzle 74

5	2	4	8			9		
7	9			3	1			
							1	
	7		2		3		5	8
				5		2		7
			1	4				
	8				9		2	
4	1						7	

Sudoku Puzzle 75

7	2		8		4			5
4		9					6	
			1					
				7				
9	4	1	6				8	
6			2	9				1
						6		
	6			4			5	7
		3					1	

Sudoku Puzzle 76

4	2					8	7	3
			2	6				
		9						
		7	3			1		9
			6	9				
	4		1	8				7
		2	8			4		
3	7							
8	1				2			

Sudoku Puzzle 77

	3		8					
		2		9		1		
7	5			6	2		8	
		5			1			9
4	8					6	1	5
			1		9			7
							2	4
5		8						

Sudoku Puzzle 78

		7			5	9	4	
		6	8			7	3	
8						5		
5					9			
	1			3				
		2		8		4		
		4	2					9
			3		6		7	
	2			9	1			

Sudoku Puzzle 79

		5			6	8		
			9	5			6	
	6		8	4				
	4			2			1	8
	9				7			
1								9
		4	3					1
3							7	
6	8		2			3	5	

Sudoku Puzzle 80

	4		2	9				
				4	6		5	9
			7				3	
		2			9			8
8			1	3	4			
						6		
	5						6	
7				6	8			
	3	9			2	7		

Sudoku Puzzle 81

2				5		4		
			6			7	2	
6	9							
		8	3	6				1
					4			8
9					1			7
			5			6		
	2				7			
8	7		9	3				

Sudoku Puzzle 82

9	8				5		1	2
6	1			8				
						6		
		9						
2				7				
	3	4	2	9		7		
				1		3	4	
				4			8	
1		7	8				2	

Sudoku Puzzle 83

1	4	9	5					
	6	2			7			
	8			3		1		4
4					3	5		
	5							
2			9			6	8	
	3						5	
8	1					7		
	2			8	4			

Sudoku Puzzle 84

	9						2	
			5	8	2			
			7					3
	6	9						
		8			4		1	
	1	4		2			9	
		7				1		
			1	7			3	8
	8	5		9		6		2

Sudoku Puzzle 85

		9				3		2
			8		1			6
7		4		3			8	
8					5			4
	3				9			5
					3		2	7
		2						1
	5		1		4			
	9							

Sudoku Puzzle 86

	2	3	6		4			
	5							8
		1	8		2			
3	1	4				9		7
			1					
7			9			1		6
4			5	9			2	
2						6		3

Sudoku Puzzle 87

1								7
					2			
8							9	3
3		8	6	9	7			
				2				
7		6						5
2	4	1			5			
		9		4	8	2		
			2	3				

Sudoku Puzzle 88

5				7				2
	2							9
		4	6					
		5		4	7			6
4	7					5		
					3	7	9	
	4			1	9	6	8	
3	9							
		8	2					7

Sudoku Puzzle 89

	2		3					
					9	7		
		1					6	9
	3		1	8			2	4
		5				1	3	
4		7						
6				7		8		2
2					6	9		5

Sudoku Puzzle 90

		6	8	5			9	
		4			9		6	7
7				3				
		2					3	1
5	4	8				2		
			7			6		8
4				6		8		
			4					5
		9						6

Sudoku Puzzle 91

	8	5	6		3	1		
	4	1						
3			8					
8			7					
				4		6	5	
						2		3
2	5			6			4	1
		7		3				6
4								

Sudoku Puzzle 92

	9						7	
	4			1		6		
7		6				3	5	
				8				7
8	5			6	3			
			4	9	1		3	8
		7				1	4	6
	1							
				5			9	

Sudoku Puzzle 93

				2	7			
		8			3			
		2						9
3				5		7		
	7	4		3		9		
								8
8			3					
	9	6		7	1	2	8	
	5			9	8	1	6	

Sudoku Puzzle 94

5		6			1		7	
		8		9				
4	2				7		8	6
					4			
		7			8		6	
	4	5	2				9	7
					9		4	
6	9			8				1
								8

Sudoku Puzzle 95

6				5		3		
			6		2	5		
					9		6	4
	7		1				9	
3		4			8			
2	1				4			
7				6		2		
1	8		7			9		
				8	5			

Sudoku Puzzle 96

		3			1			6
			8			5	1	
1	5	9				3		2
			7		4	2	5	
8				1				
		5				9		
					9			
				6		4		5
		1	2	7				

Sudoku Puzzle 97

			4	1				
		1	5	2		6	7	
			7					9
		6			2		4	
3	4							
2	8							3
	5	9	2		1		8	
8				7		1		
				6				7

Sudoku Puzzle 98

4			2		3	5	6	
			7					4
		8				2		
	5				4			7
		2	3		5		1	
	6				1	9		
					2	8		
				6				
2		1		5				

Sudoku Puzzle 99

		8		7		1		6
9			2		6			
		7					5	
	4	6				7		
8	1			2				
	3					9	8	1
			5	4	1			
4		5	9					
					8			2

Sudoku Puzzle 100

6			4	1	7			2
	4				2			
	7					8		
			7				8	
1				9				5
			2	5	4		1	
					5	2		6
		5		4				
	8						4	7

Sudoku Puzzle 101

4				7	3			1
	8					4	3	5
				4				
9	6		1		7			
			2		9			
				3		9	8	
	2		7				6	
				5		3		8
7	5							

Sudoku Puzzle 102

	7	6			3		8	
				9	6	3		
	4							7
8			1		4			
5		3		8	9	7		
4			3				1	
			6	7				
	8	5				4		
					8		5	

Sudoku Puzzle 103

					4		2	8
				8			1	9
7								
	7	8	3	4				6
		2			9			
			7		6			1
4	2						8	7
	9		2					4
	3			9		6		

Sudoku Puzzle 104

7					3		1	
2							4	
	6	1					5	2
3		6		7	8			
		9		2				
					6			
	4							1
1				5	4	8		
		2	1					7

Sudoku Puzzle 105

	5			9		6	1	
			4	5	7	9		
		6					2	7
9								6
	1	8			4			
3			7	4			5	
	9		5		3			
	7		6					

Sudoku Puzzle 106

6	5				2		7	
						2		
			1	7	9		5	
			6		3			1
	8		9			4	6	
3	6	4						
								8
9			2	1				7
			8					

Sudoku Puzzle 107

2								3
4		7	1		6			2
9	5			2			7	
7	9	1				8		
			9					1
			7		3			
		5						
6	4				2		1	5
								4

Sudoku Puzzle 108

		3	6				5	7
	5	4		7	1			
					3	4		8
		9		2	6			
		8				2		
1			3		5			
					9	6		
6		1				7		
	9				7		2	

Sudoku Puzzle 109

	5				9			4
2					3	1		
6			4			3		
5	1	7				6	4	
					5	8		3
	8		9					
								8
		6		4				
8		9	7		1			

Sudoku Puzzle 110

1	7						8	6
			1		5			7
6		2		7		1		4
		7					9	
	3							
	4		3				5	
			7		3			
				2	6	4		
	1				4			

Sudoku Puzzle 111

1	5	2				4	8	
					3		5	
			1	5	2			
7						2		
			6	8	7		1	
	6	5	3					7
		3						
2							9	
	9		2	3			6	

Sudoku Puzzle 112

	2			9				
		8			1	5		
		1	3	2				
2			1		4		6	
		7				1		
	4		5	6				
	7				9			
6		4					3	8
							5	7

Sudoku Puzzle 113

		1						
		3	6					
	6			1	2	3		5
1			7		5		8	
		7	2					9
3	2	8				4		
	1		4		9			
7					6	5		
				8				4

Sudoku Puzzle 114

1		9						6
					6	8		
			8				5	
6				4				2
	4	7	9				6	
		8	5			7		1
7				5				8
			6	1				
9						5		

Sudoku Puzzle 115

9				8		1		4
	8		7					
5		4			9	3		
	5		9				2	
				3				7
	6			4	8			
	3	8	5		6			
						8		5
	9							6

Sudoku Puzzle 116

		3						
2	8			9				
	6		2	4	7			
6			9	5		7		
		1				4		9
			6		4	1		
	7	2				5		
				7				
5				8	6		4	

Sudoku Puzzle 117

	1		6				9	
			5				1	2
2	6				8			
						2		7
			3					
		8	7	5				4
6			1		9			
4				7	5	1		
	3	1				5		

Sudoku Puzzle 118

8	7		4					
2			9			3		
					3			
				8				
	1					5	8	
		4	1	5		7	9	
		9		3				6
4	5				9			
	3	7	2			8		

Sudoku Puzzle 119

				1			9	2
5		7			6			
8								
		8			7	2		6
6		3				9		
			6				8	3
					4			7
1			8		2			
	8	4		9		6		5

Sudoku Puzzle 120

	6	5			3		8	
			7	6				5
	9	4						
4						7		
				3		4		6
		3			7	1		
	5	6						1
9			6					
	1	7		9				2

Sudoku Puzzle 121

								1
	9		8					
		8			4	3	6	
			2	5				
	4				8	7		
1						2		
9	6	1			2			8
7					9		4	
2	3		6				9	

Sudoku Puzzle 122

5	7						8	2
8	6		7				5	1
								3
		5						6
		6			8		2	
4	1			3				
	2		4					
			8					
7			9			8	4	

Sudoku Puzzle 123

	8		4		3			
5	1						7	
6			5	2		8		
8		6						
			1	3			4	
1	4				9			7
			6			2	1	
4								
				5	2			8

Sudoku Puzzle 124

							4	
		9		3	6		1	
6	1	2	4				8	9
5		6		9	4			
			7	8				
7	9						3	
		5				8		1
	2			5		7		

Sudoku Puzzle 125

						5		
	5	1						
3		2	9		1		6	
		8		9				5
	4					7		6
				3	5			
4			5	2			3	
	1				7			8
		6		1				

Sudoku Puzzle 126

						2	8	9
3			1	9	5	6		
7								
	3		2		8	5		7
6		4			7	1		
			3				1	
	1		4	5				
		7						6

Sudoku Puzzle 127

	5		4				9	7
9						2		
				3				5
			9				5	
			1			3		6
8					7			
	8		7					
3	9				5		8	4
5		7		4				1

Sudoku Puzzle 128

	5		6		7	1		
			1			8		6
	2			5				4
								7
		1			6	5	2	
	7		3	2		6	4	
3			5					
8								
6	9			8				

Sudoku Puzzle 129

	6							3
		2	8					6
		9			1		5	
9			3	2				1
		3			7			8
		5						
2	3	1			6	7		
6						1		
7				5	4	6		

Sudoku Puzzle 130

4	1		6					
9		8		2		1	7	
	7		3					
	6				2		8	
8			5	3			9	
				6				1
6					7		3	9
		7	1			4		

Sudoku Puzzle 131

3		1		8		4		
			2		3			9
				6	4	3		8
1		2		9	6			
			3				6	
		6				2		
	9		4	5			3	6
							5	7
8								

Sudoku Puzzle 132

	6					2		
1								8
7					1	5		
6							5	
3	9			7		6		
	7		3					1
2				1				
			7	6	4			
8	5	6				1	4	

Sudoku Puzzle 133

				9		1		7
				7	6			
					4		2	
	4	9						8
		6	8			7		
1		8					4	
	6	4			9		7	
	5	2						3
9		1	7					

Sudoku Puzzle 134

	3	8				1	5	6
				9	5			2
				1	6	4		
3						5	6	
	2							1
		4						8
7				2		8		9
6	8							
				8			1	

Sudoku Puzzle 135

8							3	
2	4				1			
		6	2	4		7		1
	5	3				9		
	6		5					
1				2		6		
			8	5		1	4	9
			7	1	9			

Sudoku Puzzle 136

1	7				6			8
			3	1			5	
	4		5					6
			9	7		4		
				2				9
		4				8		
	8			6	3		4	
					9		7	
5						2		

Sudoku Puzzle 137

	8	5					1	
	3				4			2
4					5			
	4			8				3
6					1			
		3	9		6	1	5	
	9		6		3			5
			7					
		4	2				3	8

Sudoku Puzzle 138

	6		1					
		7	6					3
						4	7	
			9					
	1		5		6		4	
	5			3	1			9
		5		8				1
	9		2		3	7		
		3					6	

Sudoku Puzzle 139

		3		5				
			3	4			1	
		2		1			7	9
	2	6			4			
3			9					7
8		4					3	
			4					
		1	8	9		6		
						1	8	

Sudoku Puzzle 140

6			4				3	7
	7	8		3		1		5
9					7		6	
		6				5		8
				8			9	
4		5		6			7	
	1							
	4		7					
7			5	4				

Sudoku Puzzle 141

7								
						4		
	4			7		9	2	
		7			2		4	
			5	3		1		8
	8				6			
4				2		8	3	1
2	7		6					
			3		9			

Sudoku Puzzle 142

1		2	5			8		6
			2			3		
4		8						
				6	1		8	
					9			7
	4	6		5				
		4	6		7			
	8				4	5		
7		1			5			9

Sudoku Puzzle 143

				2	3			
9		4		1		8		
	7					2		
		3			1		8	
4	9		2			1	6	
8		6		7			3	
			4	5				
					6			9
6						3		

Sudoku Puzzle 144

5		3					9	
			7					2
	9			5	6			
			2		7	8		1
				6				5
7					9			
		5	6		1	2		
	4				2			8
2								7

Sudoku Puzzle 145

	2							
8			3				7	6
6				8	5		3	
	4		6	5	7			
				1			8	
						5		
					1		4	
3	5	1		9				2
			8			9		5

Sudoku Puzzle 146

	8	9		4				
4					5		1	
								6
		2			1		3	
				5				
1	7		2			8	6	
	3			9				
8		6				3	2	
	9	7				6		

Sudoku Puzzle 147

	3				4			1
4						3		
	8	5	9					
7	6			5		1	4	3
9					3			
	1					6		
2			3		1	4		
					2			
3	9	8				7		

Sudoku Puzzle 148

	8		6			3		
			4			1		
6		9				2		8
5				2		7		
						4		2
			1				3	
		4		6				7
		7		8	4			
9				5	1		6	4

Sudoku Puzzle 149

			7		3			2
6		5						
						8	3	
2		1		4				8
	6		8				7	
5				1		6		4
1							2	9
	5		1					
		7	6					

Sudoku Puzzle 150

			8			7	4	
							9	6
8					6			5
9		5	4					
	2			6				4
		8	7		1	3		
	7		2	3				
1	8					5	7	
						9	6	

Sudoku Puzzle 151

			9			7	1	4
	6				4			2
	3	5		2				9
			8			2		
9		8			3			
				7	6		2	
				9		4	7	
	8			1		6	9	

Sudoku Puzzle 152

4								5
2			8			3	4	
	7		2					1
	9							
			4		6		7	
			1			2		8
8				1		5		
			3		7	4		
	3				4		8	6

Sudoku Puzzle 153

6	8	9	2			7		4
2								
						1	2	9
7		1	5		8			
4					7			5
			1				3	
	7			6		4		
				1	9			6

Sudoku Puzzle 154

			9	8	1			
							2	
1		4				6		
	1			6	2		5	
		3				7	6	1
3			5			8		2
	6	9				3		7
8				7			1	

Sudoku Puzzle 155

	9							
7					4			9
		1			6		5	
9		4	1		3	5		
1	6							7
			4	6	9			8
							2	5
	2			4	5		3	6
				8				

Sudoku Puzzle 156

5		1	7					
			1		5	2		7
8	9							5
9		8			6		5	3
				3		4		
			8					9
			5					
2	1						3	
	6			8				

Sudoku Puzzle 157

						5	3	8
				8	4		7	
7								
5		1		9				
		8	6	7		4		
	3				8	9		5
1		5			7	8	4	
		6					5	2

Sudoku Puzzle 158

7	1				2		9	
2	8			9				
			5					
6				3		7		5
								1
	5			8	1	2		
		7	9	5	3			
		2				6		
			1		6	5		9

Sudoku Puzzle 159

2	4				6	8	7	
							5	
	1			7	9			
		1	3	9				
		6	2		5	4		
	7	5				9	1	
	8	7			2	6		4
	3			4				

Sudoku Puzzle 160

					2	7		
1	4	2						3
	5		6			4		
			2		1	8	3	
3			5	7				
	6	1					4	
6			4			1		
			3		9			
7	9							

Sudoku Puzzle 161

		4						9
6		2						
	7						2	
	6		4	5				3
		3				1		
1			2			4		7
3	4		6					
	9				8		4	
		5		2		7		6

Sudoku Puzzle 162

2		1		8			7	
	3					6		
				3	7			
	2				3	4		
	7	8						1
		5					2	6
					5	9	6	
8	4			9				
	6	9			2	8		

Sudoku Puzzle 163

7	5				9		2	6
	8			7			9	
6								7
			9	8			1	
9					1			
		1			6		3	2
				4	2			
			1			6		
5		3						

Sudoku Puzzle 164

1		9			5	8		6
7		5		3				
	5		4		9	1		8
		3		7				4
			5					7
	2				1			
				9	2	7	4	
						9		5

Sudoku Puzzle 165

1		7		2		9		
		8	6			5		
4		9					2	8
				8		1		2
				7				
2				1				6
		3					1	
			1		7	8		
5		4	8			2		

Sudoku Puzzle 166

	4				1			
2	5					8		
	1			2				
		1	9			5		
8	2							
					4		1	7
3	8			1	6			
9				5				8
			8		2	6	5	

Sudoku Puzzle 167

	5							
3			7				5	
				9			6	
8					1	4		
2		6					3	7
			8	7				
4		7	9	6		5		
6			1					2
				5	2	6		

Sudoku Puzzle 168

				4		2		7
3				2			6	
	7		3					
1						5	2	6
			9	6	2		3	
	3		2			8		4
5		2		1	8			
9		7						

Sudoku Puzzle 169

	5							
	4		5					6
	7				3	1	4	5
4				7	2			
5			6			9		
	1		4					
			3	8			1	
7					1	4		
1		6			4			9

Sudoku Puzzle 170

	4				6			1
		8		4			9	
	2		1	5		8		3
8					3			
1							6	
			5			3		
3		9				6	1	
7			8					2
				6				

Sudoku Puzzle 171

					8	1		
	5	2						
			2	7	3			
		3			1	7		5
2			6			9		
		4					2	
			9	5				7
	1				4			
4		7	3			6		

Sudoku Puzzle 172

		3			7	9	2	
			5	3			6	
			9					
8			6				3	
		4	7					2
	5							7
7		2	8				9	1
			3				4	6
		5			6			

Sudoku Puzzle 173

1								3
6	9		5	2		1		
4		7				2		
		5	7	6				
					3			9
7					4			8
	4		6	1			3	
		1		3				7

Sudoku Puzzle 174

	7				5			
1	3						7	
		4			3			8
				3				
					6	1		5
3	5			4			2	
	2						6	
5	6		7		9	3		
		1				9		

Sudoku Puzzle 175

							5	
		5			9	1		
		3			4			
3						4		5
1					8			7
7	8			4			6	
		7	4	6		2	1	8
				7	2		4	
		8						

Sudoku Puzzle 176

9		2			7		4	1
8				3		7		
	7		6		2			
	4	5	9					
	8		4				9	
		7	2			1		
6					8	4		
				9				2
						3	1	

Sudoku Puzzle 177

4			1		8		2	
8			6			4	3	
9	2				4			
				6				
					7			9
		9	5	4		6		7
					5	7		
	8				3			
		1	9			2		

Sudoku Puzzle 178

			6	9				
	4						2	
7				4				1
8					9			
				5				
5	6			1	8			2
9		3			5	1		
	8		9			2		
		4		2		9	7	3

Sudoku Puzzle 179

		3	1		9			
			7	6	4		3	1
	5	1	2			8		
8			4		7			
		7	6		8			9
1	2							
			9				2	
4	9		8					6

Sudoku Puzzle 180

		3			6	8		
6	1				4			5
				3		7		
5			6	7	2	9		
	6		8				2	
3			4	1				
7				9				8
	3	8			7	1		

Sudoku Puzzle 181

		2	4	3				6
6	7						4	
		3	8				1	
	1	9	3	8	4			
8			5					
2						9		
				6				7
					9	6		
						5		8

Sudoku Puzzle 182

7	8				4		6	
	9	1		6				
			1			5		
			6	4	1			
4		2			8	3		7
	5					6		9
						1		5
2			3					4
			7				2	

Sudoku Puzzle 183

4								2
	6		1	3				4
5		7				6		
6			8			7		
	9		3	4	7			
		2				1		
				1			8	
			4	6		5		
	7			5				

Sudoku Puzzle 184

8				7			9	6
	9	4						
		7						1
					4	1	2	
4			9	1				
		2			6		8	
	5		4					9
		3		9		7	4	
								5

Sudoku Puzzle 185

	2							
6				3				
		5			6		3	2
3			7		4	6	1	8
		4	8			7		
7		2	5					
2								6
				7	9	2		
	9		4			1		

Sudoku Puzzle 186

			8			2	9	
		1	4					
8		9			2			7
		7		3			5	
	8		6					
	1			2				
7		2		6	3			1
1	9	3						
	4					7		

Sudoku Puzzle 187

	6				2	7	5	
	9				8	6		
8				4				
9						4	8	7
		1				3		
6			7			9		
				2	7			
							4	
		3		8	6			2

Sudoku Puzzle 188

9		1		8		4		2
8								
			5			9	6	
		7		6	8			4
		2	4					9
	3			7		2	1	
		3	8		7			
								3
			3	4				

Sudoku Puzzle 189

6	3			9				
				7	1		5	
1			4					
				2	8	9	4	5
		8	1	4	6			
2								8
					5		8	
3	9	6					7	2
			2					

Sudoku Puzzle 190

6	9	8					3	
		5	9				2	
	2			3		4		
4				5				
						9		1
1			2	9		3		6
2				7	6		9	3
		6						7

Sudoku Puzzle 191

	9	2		8		6		
3				4		9	7	5
						8	3	
1					7			3
	4			1				
7		5	4				9	
		9	1					
	1			3				
					6			

Sudoku Puzzle 192

	9		3		2			
	7	6						
	4					7	1	5
			7				5	
1	2		4				9	
				5		2		
		9				6	7	2
		7		9				
				4				8

Sudoku Puzzle 193

						5		8
							9	
	4	9					2	
	5			8	7	2	3	
			3			6	1	
	3	1						
	1				9	4		
		3		2				
4	8		5			3		

Sudoku Puzzle 194

6					9	2	4	
	2			5		8		
	1				7		5	6
	5						8	
8	9	6						
		3				1	9	
	7		2			9		1
			1					
	8			6	3			

Sudoku Puzzle 195

	2		4					
	7				5			
6	8			9	1			
		2		4				
		9	7		8		4	
						6		3
						2	1	6
		3	8			9		
	9				2		8	7

Sudoku Puzzle 196

				1				6
		8	5					4
	3	4						
				8		7		9
	7			9				
		6		5	7	1		
					1			
1		5			8	6	2	
	9	3				8	7	

Sudoku Puzzle 197

					4			
5	2						3	7
3	6	1						2
						5	4	
					9	8		1
6	8			5				
							5	4
9		3	2			1		
					8			6

Sudoku Puzzle 198

								5
4		1	7					
5		8		2	3			
1							8	3
	6		2	3				
	8		4			7		
		5		1		2		
			5				9	
				8	9		5	

Sudoku Puzzle 199

	5					8		
4		3			7			
7	8					4		
	7		5	3				
5		4						8
			1	6		3		
		6		2				
3	2							6
		5			9	7		2

Sudoku Puzzle 200

	6				9			4
			4	1		2		6
		1			2		8	
5	8	7	6			1		
1								
	2				5		6	
9			2			8	4	
		3		5		6		7

Sudoku Puzzle 201

					5		1	
		5				2		9
	8			4		3		
6					8		7	1
					6	4		5
	7		9		2			
4								3
		2		7		5	8	
	5		3					

Sudoku Puzzle 202

3						9		
	6		3	4			7	
				8		1		2
1				5				
	5			2		7		6
6		8	4					
			2					1
				3	8	4		
2	4							

Sudoku Puzzle 203

8	7		2					
			6		9			
				4		5		2
5	8	4	7		6			9
		1			3			
				8				
		7	9				4	
			5	7				6
	2						5	8

Sudoku Puzzle 204

	3		6	9				
						8	3	
2			1	4				
9	7				1	3		
8								
			2	8		9		1
	4			7	9	5		
6	8						2	
5								

Sudoku Puzzle 205

1				7				
					5	4	2	
			4		2		9	3
7	6				8			
					1			9
		1		5				
	5	3				8	4	
6	4		8	3		2		

Sudoku Puzzle 206

	2				8			
		5	7					
1		4				5	2	
				9		4		
9	4				6			1
7				4			8	
				7	9			
	1	8			2		7	
			1				4	

Sudoku Puzzle 207

			5			8		1
			4		8	3	7	
		3						5
5				8		7		
2			3		9		5	4
		4	6					3
			2					
	9	8						
						5	6	

Sudoku Puzzle 208

1	3		4					
		5		1			7	2
		2	7					8
	7		6				1	4
8					1			5
5					3			
2	5	9						
		4						
				9			5	

Sudoku Puzzle 209

8			4			3	1	
7				9				
				1				
6	5	7		3			4	
9			7					
4				2	1			
				7		8		
			1		5		3	
5	4							9

Sudoku Puzzle 210

				6		9		
			5	7				
	2	3						
5		6						
			4			7		6
				3	5	4		1
8	9							3
				4	3	2	1	
4						6		8

Sudoku Puzzle 211

			2				4	
6							1	7
	3			9	6			
		5	1		2	9	3	
			9	5				
		1						5
		8	3					
3	5				8			4
		6		1	9		2	

Sudoku Puzzle 212

	2	5			1			
			4					2
	4			6		3	9	
	9					7		
1		7			3	9	2	
				8			6	
	8	9	2					
		4					1	9
6					5		8	

Sudoku Puzzle 213

	6	3						
2						1	7	
		5	1					6
		8				7	9	
6		2	7	5		4		
			9		4			
					1			
	5		4	8				
4						6		2

Sudoku Puzzle 214

	9	6		5		2		
	4			8	1		9	
	1		2					8
1				9		7		3
3			8	7			1	
			7					
		4				6		
	5		9		6	8	3	

Sudoku Puzzle 215

	3			8				
7				5			1	
		9			4			
			4		2			
	6		1			8	9	5
								6
3	5	7						9
2			8		5	7		1
					3			

Sudoku Puzzle 216

	2	4			6	5		7
8		9		3				1
6				4	1	8		9
		2	9					3
4								8
		3		1				
7		8		2				
	6				8			
					3			

Sudoku Puzzle 217

3	7					9		1
				1				4
		9	4					
		2	5					7
8				7				5
			1		4	8		
					2	3	7	
				8				6
9		6	3				4	

Sudoku Puzzle 218

1		8				5		
		2					6	4
		3		6	5			
	4		7					9
6				1		3		
		7					8	
		9			2			5
					1	9		
	2				9		7	

Sudoku Puzzle 219

							5	
7		4		9	6			
	9	1			8			
2								
	5	9		1		3		
6	1	3			4	7		
1					7		6	5
	7			2				
	6			8			1	

Sudoku Puzzle 220

	6		3			4		
9			1					3
		2			6			
	5							2
2						8	5	1
8		9						6
	1			9				5
			8		4			
				6	3	2		

Sudoku Puzzle 221

		3		5			1	
	2			7			8	
9								
	4					9		
			8	9			7	
5		7	4					
1	6		7					
	7		5		3	4		1
		5		8				7

Sudoku Puzzle 222

	3			4			5	
				1	9			6
		6		7	2	4		
								2
							7	
5	8			6				1
1	6							5
		9					8	
3					4	7	1	

Sudoku Puzzle 223

7					5	2		
8				6	2		5	
2	9			4				
6	7							
			7	5	3	4		
4						9		8
		6				7		
							3	1
		8					9	6

Sudoku Puzzle 224

								4
	6	5		4		7		
	2			6		3	5	1
1	5		7				9	
7	8			2				
							7	
	3	6		9				2
					4			
					8	6		

Sudoku Puzzle 225

							1	
1						8	5	
8	9				4	3		
							3	7
				8	7	6		
	7		3	6		9		
	3		2	5			8	
7	1	9						
				1				

Sudoku Puzzle 226

2		3		8	6	7	1	
5			3	1	2			
	8		5					
3						1	9	
				9		3	5	
4	1				9	2		
		7	4					
		6				5	3	

Sudoku Puzzle 227

	7	3	6			9		
		8		1		2		7
				9				
							4	5
	1			8			6	
5		7						
7		5	9					
				7	6	3		9
	3			4	2		7	

Sudoku Puzzle 228

				8			4	
		8		3	1	2		
4			5		2			
2	8						1	
	6			7				
		5	1				3	9
			6				9	
1						4		5
				5	7			

Sudoku Puzzle 229

2		4		3				
9	1						8	2
		7		6				1
	5						6	
				4	6			
6	9							
8	2		3	5	1			
					7			8
						9	2	

Sudoku Puzzle 230

			5					1
		5		1		9	7	
6							8	
					2	6	4	
		9					2	
3			4	9			5	
7	2		9			5	6	8
	9		6	7				
8								

Sudoku Puzzle 231

5						3		
	2	9		4	1		7	8
							5	4
2	7			8	5			
	6			1	3			
	1		4	2				5
	9	7						
				5		4	9	
					8			

Sudoku Puzzle 232

6	9	7		4		2		5
8	5						6	
	4							
	3			9		4		
		5	4			3		7
9				1		8		6
			9	8		7		
		3					1	
					5			

Sudoku Puzzle 233

2	5			7				4
		7	9			1		
	9				3			
		2	1					
			3		6			5
					5		2	
		6		1	9	2		
	4				7			
						8	5	9

Sudoku Puzzle 234

6		3						
5		8	9		6			
4								3
	2			1			5	
3			8					
				2	7			
					2			6
9		7	5			2		8
2		5			3		7	

Sudoku Puzzle 235

3	1							
			4			7		6
9								
			5	8		4		
8	2	4			7	1		
	7	9						2
						2		
				2	5	6	3	
				6			1	8

Sudoku Puzzle 236

1			9		8			3
8	7						2	
				7			1	
	6		4					
2					9			8
		1		8	5			
		5	1		2	7		
	1			6				5
	4					3		

Sudoku Puzzle 237

	6							
3			1		9			
5			7	8	6			1
	1						6	9
			4		8		7	
7								8
		3			1			5
	4			5				
		7	2				1	

Sudoku Puzzle 238

3	9				7		4	
			3	4	2			
					6		3	
	6							
		5	2			9		6
	8						2	1
7			6					3
		8				1		
2			9					7

Sudoku Puzzle 239

	3					5	4	
		2	3		4		7	
		6		9	7			
								5
	5	1		2			3	
					8	7		
		8		7	2			6
	1	9	6					3

Sudoku Puzzle 240

2				5		1		
		5	9		4			
		6				5		8
	2	7						5
	5	4	1		2	3		
3	9							
7					1	6		
4	3							
		9	3	7				

Sudoku Puzzle 241

6		8						2
		1				9	7	
9				1	8			6
		4	5				2	1
8	1		2		3	7		
	5				7			
			3		5	6		
2	8						5	

Sudoku Puzzle 242

	7	1			2			
			3					1
2	6					3		
7	4			2		9	3	
	9	3			6			8
			5			4		
	5	9			1			
					8		6	9

Sudoku Puzzle 243

	1				9		6	
		8				2		4
			7	2	6		9	
			8				1	
2	6				1	5		
						4		9
3			5			6		
			2					
9	5				3			

Sudoku Puzzle 244

1				4			6	8
4						3	7	
2								
		6				9		
		9	1		8			
					7			3
			8	6	3			5
	2		9					
5		3	7					9

Sudoku Puzzle 245

		9					6	
				2	3	4		
8	4	5				9		
							9	4
4				3				
		6		1	5	8		
1	2					7		
			5	4			3	
5		4						

Sudoku Puzzle 246

		4				2		
		5		8				7
2			3					1
			2	3	5		9	
	5	2			8			
3		9		4		6	5	
					4	1		
6				1		8	7	
5								

Sudoku Puzzle 247

	4	7	1					2
	3	8		7				
					6		5	
	1		5				8	
	6		3					
8				6	7	1		
				1				4
1				9			7	
	5			4			3	1

Sudoku Puzzle 248

1	2		9	5	7		6	
		4		8			2	
	5	9		4				
		7			4			9
4	6		1				7	
9								7
						3		6
		8		9	3			2

Sudoku Puzzle 249

		4		1				
				8			6	
						9		7
8					5			
	4	3						
		2		9		3	4	
		8				5		
		1	6	2		4	8	
	3		4	5		7		6

Sudoku Puzzle 250

		9			3	4		2
5				9				
3		8			5			
	3	1			4			
4						7	6	
	8							
	7			5				1
6		5	3	2	1			4

Sudoku Puzzle 251

						4		5
				6			7	2
1				9				
		5			7			
6	8		3					
		9				8		3
	4		2			6		9
8	9		4					
	2		6	7			4	

Sudoku Puzzle 252

		6						
5			6		4	8		3
2	4	9	7			5		
4			3		9		1	2
	9							4
						6		
					6	1	7	
6				1				
		3	2				8	

Sudoku Puzzle 253

		1			9			
		7	3			6	2	
9						5		
5					4			3
	9	3		8			7	
						8		2
	6	8		3				
			8			3	9	
4			5					

Sudoku Puzzle 254

								2
3			5		6			7
8					3	5		
		9			4	3		
	6	5			8	4		
2			6					
				8	5			1
	3			9	7			
5	7		1					

Sudoku Puzzle 255

					8	5	3	6
	3					9	2	
1			3	2		6	9	
	9		4					
		7			1			
		8						
9				6	7	3	5	
5		3				4		

Sudoku Puzzle 256

	9		8	6				
	6					4	5	3
		1		3	5			8
5				8				
							3	
8							2	7
			7					
9				5			4	
	5	3				1	6	9

Sudoku Puzzle 257

4					2	9		
			3					
	2	6		5		7		
					4		2	7
	1		6			3		
7								
6	5		7	2				1
		7					9	
2				1				4

Sudoku Puzzle 258

		6		8				
	7		4				1	
9				7	1		8	
			8		4	9	3	5
		5	1	3		6		
						1		
				1		3		
5		3						
	8	4			6	5		

Sudoku Puzzle 259

	6			1			2	9
	3			4	2			
4				2				6
6	8				7		1	
						9		8
		7					6	4
					8	1		5
2			1				3	

Sudoku Puzzle 260

		6	9	8				
							4	
5					2			
8	6					1		
	1			7	3			
	7	4					5	
4						6	7	1
		3		1	7			4
		1				8		

Sudoku Puzzle 261

7			2	4				8
			1			3	7	2
6								4
	6					8		
4				7			3	5
		5	8				6	
			7			1		
3	9	1		2				

Sudoku Puzzle 262

		7	2	8				5
							4	
					3			7
8	4						5	
	6				8		1	
	5	1		9		4		
	1				7		8	
2			8					1
3				6	1			2

Sudoku Puzzle 263

1	8	9	4					
							5	8
			6		2	4		
6			8	4			1	
5		2						
			2		1			
8	3	5			7			2
9				6			8	

Sudoku Puzzle 264

7			9			6		
				4	3			
4		9						
	6					1	2	
							4	
8				5	6	9		
			5			8	6	
		4	6		9	2		
2					8			3

Sudoku Puzzle 265

					2		7	6
		3						8
	7	8				1		
		4				9	6	
9				4	6	7	8	
		2		5			3	
	5							
			3		9			
3			1			2		7

Sudoku Puzzle 266

	6	5	3			7		
	9							
	7		5	8		1	2	
	2	4						
		6	9		8			3
		9				5	7	
3				9				
			1		4			5
		1		7			9	

Sudoku Puzzle 267

9			3		6			1
		2	8	1		3		6
	9		1	3		5		7
						4		
	3				5	9		
1					2		7	
3				9			8	
			4					

Sudoku Puzzle 268

		5		4	6			
						5	9	8
9	1				7			
5			6	9		1	4	
			1			2	8	6
			7					
						9	7	4
		8		5	1		3	
3								

Sudoku Puzzle 269

6	5				4			
	1		8		3		7	
				5				
		5				7	1	
		4	6		2	5		3
		3			8		4	
						2		
2	9			8			6	
			1					

Sudoku Puzzle 270

			2	6	7			
8							7	3
			9			1		
		6		8	3			
9	8	7	1	5			3	
			4					
		1			4	2		7
2				7				1
3							4	

Sudoku Puzzle 271

8					3	9		
	3				9			
		4	6					
					2	5		8
		8	7		4			9
5	1			9				7
	4	5						3
2			9				8	
		1				2	6	

Sudoku Puzzle 272

	4				6			
8	6			1		4		
			5					
	3	7					8	
			3		1	2		7
2	9					1		
6		2			9		4	5
					7			3
		8			2	7		

Sudoku Puzzle 273

8			7		1			
		9						
			3	6				4
			9	1		2		
		5	6					3
2			8		3			6
	2		4					
	3				7			5
	7		1			6		9

Sudoku Puzzle 274

			8	2	5	1		
5					9		8	4
	3			9	1			
		7					9	
2				6	3			
6	4			3			5	1
	8							7
	2					6		

Sudoku Puzzle 275

2				6	4			
9		3						
6		8		9			3	
5	7			3			9	
	6	9	8					7
			9		2			3
			1					
				8		2		
		6		5		9	7	

Sudoku Puzzle 276

	3		7					
7			1			2		3
	5		9	2				
	2	1	3		7	9		
						3		1
9					4	8		
		9		3				5
5			4					
	8					1		9

Sudoku Puzzle 277

			8			1		
		2						7
	7	6		9	1			
							3	9
				1	7	2		4
6	4							
3					9		4	1
9	8		3				7	
					5			3

Sudoku Puzzle 278

	7		6	4	3			
8				1		5		
	4							
	3		1					
	5	2	3	8				4
6		8						
	8			9			2	6
2						4		
7			8		5	1		

Sudoku Puzzle 279

				3				
9	5						8	
3	2		8		7			
6		2		1				9
			6		2	5		
	1			7	5	8		2
			1		9	3	7	
	3		2	8				

Sudoku Puzzle 280

4	6					1		
	1		7		2			
	8	3	9		4	7		
			4		8	2		
3					5			
1	4							
				5				7
9						6		
6		2			7		8	

Sudoku Puzzle 281

	9				7	3		6
				8				
4	6	5			1		7	
	7			5		9		
		3					8	4
6	1							
		6		7			2	
		7	9	3			5	

Sudoku Puzzle 282

5				4				
4		6		9	2	8		
	2	9	3				5	
		8	1	5				
					4			
				1			9	
			4	7		5	8	
	6	2	5			1		

Sudoku Puzzle 283

		4	2					
5			8		7	1		4
	6			5	4			
					1		8	
4			7					
	2	1			9	4		
			4	7	5		9	
		7				8		
9				3			7	

Sudoku Puzzle 284

	7	8			4	1		
3	4		5		9			
			8	1				
			2			4		
		2					5	6
4	1				3		7	
								4
5		6		7	8			9

Sudoku Puzzle 285

3	1				9	5		
	6							
		9	7	1			3	4
2				8	4		5	
						4		
	9							2
		2	9		8			
7						3		
				4	3		6	

Sudoku Puzzle 286

	4						6	
						9	8	
				9	7			4
6								3
	9	1		6				
	2		5		8			
7	8		1				2	
				5	6	3		7
		6		2			4	

Sudoku Puzzle 287

	9		3			5		8
			1			9	4	
	5					3		
		4			8		9	
				6	7			3
	2	6			1	8		
3					4	2	5	9
	1							
		8				6		

Sudoku Puzzle 288

9				1		2		
					2	1	7	
8		1			7			
			4	6				7
3		4	9		1			
5		7			8			
						3		8
		6						
1				3		6		

Sudoku Puzzle 289

		6			9			1
		2	3			4		
8		5						
			7		6			9
5		9			3		1	
6			5		1		7	2
2								8
		3	6					
		4	9				2	

Sudoku Puzzle 290

					1	3		
6							2	
4	3		7	9				6
	9			6				
8			4					
			2		5		9	
		9				2		
	1					9	3	
7				3	4	5	8	

Sudoku Puzzle 291

6				1				5
		9	6	5		8		4
8			4					
				6	1	3		
	1	7	9	3				
		8				4		
						7	9	1
	4		7		2	6		

Sudoku Puzzle 292

								8
2			5	3	1	9		
6		9		7		4		
	7							
			4	9	5	7		
		4						1
	8						7	
		6			4			
9	5		2		6			

Sudoku Puzzle 293

				8	9	4		2
7		9				3		
	9	6	1					
3	1				5			
			9				6	
5					1			
8	4		2			6		7
		3	5		7	1		

Sudoku Puzzle 294

3							8	7
2						3		
		7	4		3			1
				8		6		
4	2							9
	9				2	5		
			5					
6			3			4		8
	5		6		9			

Sudoku Puzzle 295

3		6	9	7			4	
4		2						1
		9		6				
7		4	3					
					8		9	
					6	5	3	
	4					8		
	8		1	5				4
1			8					5

Sudoku Puzzle 296

		1	7	5				
					2			
7			8		4			5
2				9				
						8	2	6
		6			5	9		
4			3			2	5	
	3				8		4	7
				2				

Sudoku Puzzle 297

6			1					2
		7			3	5		
	2							9
	7			1			4	
		9	4			6	7	
	3							5
	5		3		1			
	9	3	8					
				9			3	8

Sudoku Puzzle 298

		1				8		
6	5				1	9		
		8		2	7		4	
4		5						
	9		4				2	
7					2	3		
					8			1
		9						
5	4			1				7

Sudoku Puzzle 299

		6	4			8		
						7		9
	3	8			9		6	
3	9				1		8	
			2					
1			8				2	3
	5		3			2	9	
4								
				6			7	1

Sudoku Puzzle 300

2	3		9		1			
				2				
	4		5					
5		7		9				6
6					3	8		
		3		1				4
			1				8	
				3		4	6	9
	9	5				3		2

Sudoku Puzzle 301

					2			
					6			4
		1		9			2	
					8	9		5
6				4				
		4		3			1	2
8				6		4		3
	7		3					1
	3	2		8				

Sudoku Puzzle 302

	4				7		9	2
				4				
1			3		2			4
						5		
			7		8			
7		5			4	1		9
3	6							
		1	8			3		
			4	6			2	

Sudoku Puzzle 303

	2			8		6		9
4							2	7
		6						
8					2			1
3					9	4		
	1		5					
		7	8					
9			1		5	2	7	8
			4			5		6

Sudoku Puzzle 304

		1			3		7	
	2			9	4			
	8						6	
				4				
8		7			1			
	1	4		2		7		9
	6			3		5		
		9						4
	7			5			8	

Sudoku Puzzle 305

6								4
			1	8		9		
9	2				5	3	6	
			4				5	
5		3	8			6		
				3			2	
			6	7				
2			3				8	
1	9					7		6

Sudoku Puzzle 306

1	4				2			8
						4		2
3							5	
		5	1					
		7				3	4	
			6		4	7		
8	2				7	9		6
						5	2	
		1	9					

Sudoku Puzzle 307

	2							
		4		8		3		7
			9				2	
8			4	7			6	
		5		3	6			1
7	3							
	1		3		4			5
							1	4
						7		6

Sudoku Puzzle 308

				1		6		
	7				2	8		5
	2						1	9
				3			2	
			5	9		3		
7		5			1		6	
			6		9	2		8
8		6						
4			3				5	

Sudoku Puzzle 309

			4		8		6	7
						2		
					5			3
5				2		8		
	8				6	3	4	
1								
		8		1			3	5
7	1			5	9			
2	3		7				1	

Sudoku Puzzle 310

				7		4	8	
	7		1					
		8		3			9	
		2	3		9		7	4
			4					
6						1		5
	9		5		6			8
	6							9
						3		7

Sudoku Puzzle 311

	6					2		
3		7		9	2	6		8
	2	4	6				1	3
2	3				4			
							6	9
		1				4		
4			7					
				2	9		3	
						8	5	

Sudoku Puzzle 312

	3				4			
1			7	5	3		4	
8								
9					7	1	3	8
7					1		5	
5							6	
6		9					7	1
	1			6		4		

Sudoku Puzzle 313

3				8				7
					2	3		
		8	4					
			6	4	5			
		5	3			1		
	6	9	8					
			2		1	6	8	
	1					5	3	4
				9				

Sudoku Puzzle 314

		7	1	8	5			
		5			2		8	
2		8		5				
					6			5
5	1						4	
3	9		4			7		
			2		7			9
		1		3		6	2	

Sudoku Puzzle 315

	1	3				9		4
8		5				3		
						8	6	
6	7			4	1			5
					2	1		
		8			6			
	9			6	7			
				3		4		
	3	1			9			

Sudoku Puzzle 316

3							2	9
		4						
	6				9			1
		6	1			2		
				5			4	3
8		3						5
	3	7	6	1				
			5				7	2
9	1				8			

Sudoku Puzzle 317

	8		1	7			3	
		4			9	8		
		6				1		
							8	
	9		6	1			5	
8	5							1
			4	8		3		
	6		7			4		
			5		6		7	8

Sudoku Puzzle 318

		7		5		6		1
	4	5						
		2	7	1		5		9
	5	4				2		
9					4			
			6	8				
	1		2	7		4		
4								
		6	1			3		8

Sudoku Puzzle 319

				2		6		
		7		8	6			
		9			5			3
6		3		1	4	2		9
5	4	1	3					
					7			1
			4		9	7		6
9	2						3	

Sudoku Puzzle 320

			1		8			7
					7	1	4	
	7		3		5		8	
5		2						
6			9		4			
						3	6	
		9				4	5	
4	5	7		1				8
1								

Sudoku Puzzle 321

							9	
2	8	7		9				5
5			7			2		
		8		4				
			2	7		6		
9	4			6				
		4				7	5	
7			3				4	
	3							6

Sudoku Puzzle 322

						7		3
		8			3	4		1
				2			6	8
1			7		4			6
				9		8		
7			6		2			
9		6				1		
	1		5	7				
					9		3	4

Sudoku Puzzle 323

	2	3		9	5			7
8	5				6			
4						9	2	
		2		4			9	
	7	8	5	1				
					8			
				5		2	1	
				7				
		4	3		9		7	

Sudoku Puzzle 324

		4			6			
8		6	1			2	3	
	1	7	3				9	
			9			3		
	5			7	1			
								2
		8	7				2	
		9		3	4	7	6	

Sudoku Puzzle 325

						3	7	
	9	7				6	8	
			5		6	2		
			2				1	
			8		5		3	
	1	3					4	
2		9						
			1	5	7			
		4		9		7		

Sudoku Puzzle 326

	3	6			1			
9			4	2			8	
					6			
2			1	6	8	4	5	
		1	7	5				
5				9				
	2	5				9		
3		8					4	
					7	5		

Sudoku Puzzle 327

3								
							5	
	2			7				4
					4	8	6	1
5		1			3			
		6	2		1	5		
	8			1	7		2	5
		4					1	8
6			8				4	

Sudoku Puzzle 328

	2						4	5
6		1	7					9
	8		9			7		
1		4						
				9			6	
		7	8			4		
8	7	6	3			9	1	
					1	8		4

Sudoku Puzzle 329

	6		9		7			8
			3					
9	3	5			1	6		
5					9	7		
				8		3	9	6
			1		4			
	9				6		8	
4			2				7	
		2						5

Sudoku Puzzle 330

			8				3	
		3		5		7		
2								9
		6	1		4			
			7					2
5	3	7			8	1		
3	6						8	
8			3		6	4	1	
		2	4					

Sudoku Puzzle 331

			3			6		7
	2	8						3
1					5	9		4
							4	
				5	3			
	8	5			6	1	3	
	4	2	9		1			
	3		4	8				
	1							

Sudoku Puzzle 332

								5
7		1			4			
6			8		5	7	1	
	2						9	3
		8		4	9		6	
	4		5					
	6				7		2	9
			3	1	6		5	7

Sudoku Puzzle 333

				8				
		2		7				
	7				5		2	
3		9		4	2		7	6
								2
4	2		3				5	
			5	6		8	3	1
				9				
		8				5		

Sudoku Puzzle 334

					3		4	
3					8		1	6
			1					
		2	5					
	7	1	2				8	
		4	9			2		
		6		4	1	5	2	
		3					9	
				5		6		

Sudoku Puzzle 335

	2			4				3
						7		
			9			5		
4	5		7					
1				5	9			
	9	7	1		4			5
					1		8	
				2				
2		5	6	8	7	1		

Sudoku Puzzle 336

5	4						1	
		8			6			7
		7					9	
						4		
				6	2			9
	5			4	9		6	
4	1				3		8	6
3	6					9		2
	7	2						

Sudoku Puzzle 337

5	6		8				4	
				7	4		1	
		1	2			5	8	
2								1
			1			8		
					9		5	
								7
4		2	9					
		3			5	6	2	

Sudoku Puzzle 338

		7		8			6	
	3		7		1			
	9				3	8	4	
1			2					
			1			5		2
	6							
4		6					5	
5				7				8
		3			8			6

Sudoku Puzzle 339

7					6	2		9
9	2			3		6		
	5	6						8
					3			
3		7	2	8	4			
			9					
	3							5
				1				
		4		7		8	3	

Sudoku Puzzle 340

					6		5	
			7	2		9		
3								
4	2			7			3	
7					9		4	2
		6						5
							1	
	3	9	8		4		6	
	1			5	3			

Sudoku Puzzle 341

						7		5
5	6	2		7				
	9	7				8		
				9	5		8	3
1								2
		9		2				
			7				4	1
4			8	6				7
							5	

Sudoku Puzzle 342

		8						
2					7			
		5	1				7	3
1			3		9		8	
							5	
			2			4	9	7
7				4	1			8
	8		6	7				2
3				8				

Sudoku Puzzle 343

	1		3			9		
						2	3	
				4	2			
	5	4						
			6	2		3		
	3							7
1	6				3	7		4
			5		8			
		5		6			9	2

Sudoku Puzzle 344

	3	1						
2			6					
			1		2			5
	4	8	2				5	
						3		8
				8	7			6
	8		3	5		1	6	
						9	4	
	2				6			3

Sudoku Puzzle 345

				8	3			9
4	8				9		2	
	1			4			6	
5	9							
7		4						
				6	1			
	4					9		
6					7		4	1
				9		5		2

Sudoku Puzzle 346

3			2					1
		2	1			4		
	8						2	
				5			3	
	4						6	
		5	8	4	2		1	
				3		5		2
1		9	6	2			4	
			5		7			

Sudoku Puzzle 347

			7					1
5					3			6
	4						7	
3	5		4	9				
8	2				6	1	9	
				5		4		
				6		8	3	
2		8						7
	6				1			

Sudoku Puzzle 348

1			6	8				4
				2	7		5	
		2	3		9	6		
		3					7	
	6			9			8	
7			8	5				
		4	9			1	2	
				7	4			6
5								

Sudoku Puzzle 349

	4			1	9	2		
8					2			7
6					4			8
9					1	3		
	1				3	9		6
3				7				2
				2				3
			1	6				
		7						

Sudoku Puzzle 350

		4		6			2	3
6	3				8			5
	6	2		5				1
				2			9	8
					3			7
3				8				
9	2		4				5	
					1		8	

Sudoku Puzzle 351

3		5			4			2
		1				4		
7			3		5			1
8		7						
		2	7	6				
				3				
				4	7			9
	8		9					4
	7	4	5			1		6

Sudoku Puzzle 352

6			4					
		1		2	5	8		4
			7		9	3		
	2					7	1	
8		6						9
	4							
4			2		3			
			9					
	5	8		1		2		3

Sudoku Puzzle 353

	3	4					1	
	9				1	2	3	
	1					7		
							2	
		1			5		4	6
	6				7	5		
				6				5
3			4			8		
9		8				3		

Sudoku Puzzle 354

						8		2
2	5			8				1
					7	5		
1								6
			5	9		1		
8	6	9					2	
							9	
4	2	8		3		6		
7			6					

Sudoku Puzzle 355

		5	2			3		
	1	8			4			
	4		9	8				
7				1		6	4	
				4	3			2
6								
		6		5		7	2	3
				2	9	5		

Sudoku Puzzle 356

			3				5	
		5						1
			8	9			6	2
3	6		1					
	4				8		9	
7							4	
				5	6		1	8
			4	7				
4	5					2		

Sudoku Puzzle 357

6			3	2	1	8		
9	2		7	4				
	3			8				4
1				6				2
4	5	6						7
	9						4	
3		9						5
				3				
	4					1		

Sudoku Puzzle 358

		6	1		9			3
							9	
	7	8			2			
			2				1	
1	5							4
	9				1	7		
		3				6		
2			6	5				8
				2			4	5

Sudoku Puzzle 359

4	7		2		8			
				3	9			
	9					2		
	3	9			7			5
1			5	8			2	
2						1	3	4
		4					5	
6			1		5			

Sudoku Puzzle 360

2			3	9			4	
1	7	3						
						6		2
	2			7			5	4
		4	6		9			
	5						1	
				1	6	2		8
7		1	4					

Sudoku Puzzle 361

1				3		6		
		8				2	9	
5							8	
			3	7				4
				6		7		8
					9		3	
9	4		5		6			
6			1					9
2	3				4			

Sudoku Puzzle 362

	2			7	6			9
		8			4		5	
	7			2		5	6	
	5	6					8	2
			3					
7				8		6		
8				1				4
5		3		4		7	2	

Sudoku Puzzle 363

		4	5		7	9		
9								3
2		5	4		9			
7		1	8		3			
	6					4		
						7		6
		6	9			1		
8				7		3		4

Sudoku Puzzle 364

3								
		8			6			2
				8	4	1		
		4					9	
		9					1	7
7	1			5	8		3	
			8		3			5
				6				1
	9	5		1	7			4

Sudoku Puzzle 365

		2	1					3
	3				8			6
5					9		2	
		5		2		9	6	7
	8				6			
		9	7					
4	5	1			3			
				4				
7				8	1		5	

Sudoku Puzzle 366

3				6				9
	7	1	8				6	
6			9			8	3	7
1	5		7		9			
		8						1
				8		2		
			1			7	2	
		4	6					
		6			2			

Sudoku Puzzle 367

					5		6	
							2	9
8						5		
	1				7	3		
			1			9		2
5		7	3					
3		5		8			9	
	2					4		8
4				6			5	1

Sudoku Puzzle 368

			6			7		
		7			9	5		8
	5						6	3
2		9			3			1
	4						5	
		6		1				2
		2	4					
	3		1	9				
7				5	8	4		

Sudoku Puzzle 369

2			7	5	8			
				3			8	
	7					1		
7		9			2	5	6	
	5	2		9	6			
6								
	8	7					9	
4			3			6		
		3						2

Sudoku Puzzle 370

	1			6				
		7		4		9	2	5
8		5						1
			6			7	3	
			5					
		3	2					
	5		9		2	8		
	8					2	7	9
2					1			

Sudoku Puzzle 371

6				7				8
	7				1			
5	8							
				5		7		2
					4		6	
	2		1	9		5	3	
					9			1
7			2	6			9	3
		9	3					

Sudoku Puzzle 372

	7			3	6			2
	1	3	2					
6				9				1
	4			5		3		
9	2					6		8
							1	
				2				
				8	3	1	4	
5					1	9		

Sudoku Puzzle 373

5	7							
							2	
2		3		9	5	1		
9			5		6			4
				8		6		
6		1	4			5		8
			1			9		
	9			3			6	
1		4						2

Sudoku Puzzle 374

3			6				4	
				3	7		5	
	6			5				
4		7		2	5			9
	2		4					7
9	3					4		
			7	4		6	1	
6							9	2

Sudoku Puzzle 375

1					4		3	
9				6		5	4	
	3			9		6		1
		6					9	
			4	5			1	
8	5							
4				3				
			1		2	9		
2							8	3

Sudoku Puzzle 376

					6			
			3			7		
	1		8	4			3	
8		3					9	
					4	6	1	8
1								
	7						4	
			9	8	3			
	3	2		1	7			5

Sudoku Puzzle 377

	8		5			9		
			8		6		4	
3		1		4				5
			1					8
	1					4		
		5	9	7				
	5				1			
		6						
	4			3		8	6	7

Sudoku Puzzle 378

		3		1	2			
		9		3			7	
1			9	5			6	
2						5		
7		4				8		
	8			7	3		9	
	7					1		
				2		9		
		2	8	4		7		

Sudoku Puzzle 379

		4	7			2		3
					4			
3			9				1	
4			1		9			
1			6					2
	7	5			8		9	
				8	3	5		6
7		2				1		
			4				2	

Sudoku Puzzle 380

1		4	5				2	
					1		4	8
	6		4			1		
5			3		6			2
6				7	4			
								3
7		5	1		3		9	
		8		5				7
			9					

Sudoku Puzzle 381

	9	4						
			7					
		5			4		8	3
9	2		1				7	
5		8		3	6			1
					7			
	8		3	6		5		
4		2						
				9	8	2		

Sudoku Puzzle 382

			1	3				8
1	4		8		5	9		
					4		7	
4		5	7			6	8	
7					1			
	3			2				4
						8		
		3					5	
6					8	3		9

Sudoku Puzzle 383

	8			6			5	
	7		9					8
	2			7				
		4		8				3
7			5		3			
	3					9	1	
1						2		4
		5	7	3				1
	6							

Sudoku Puzzle 384

	5			9	4		7	
7				8		4		6
2							1	
	7				8	6	3	
					5			
			3		6		5	
1			8	7				2
8						3	4	
	3					7		

Sudoku Puzzle 385

	3		2			1	9	
	7							3
		9						
	9	7					1	
		4	6		9		5	
	5		1			3		
				1				2
1	2			6		8		
		6			3			

Sudoku Puzzle 386

5				3		7	1	4
4			1	6	7		5	
9						3		
	1	9						5
6					8			1
3					9			
	3						2	
			6		3			9
1		2						

Sudoku Puzzle 387

6		3			1			4
					7	2	3	
					2		1	8
		8			9		2	
5	7						8	
								1
						8		
		6	3			4		
8				6	5			9

Sudoku Puzzle 388

	5							6
8	2	9				3		5
						1		8
	3	7						2
			1	9	7			
4		1		2		7	6	
			7		4		3	
7		2	5					
				6				

Sudoku Puzzle 389

			1			5		
9		5						
3	1							
6					2	9		
	8		7	9	3		2	
	9				6		3	5
1			2		9		6	
				6		8	7	
		8						

Sudoku Puzzle 390

	1		7					8
				1				
	7	8	3	2			9	
		2		3				
		3	1		5			
4	5	6			7			
			8					2
			5			6	7	
2				4			5	

Sudoku Puzzle 391

	2		1					6
7		9	5	4				
					6		5	9
		4			9			
		7			2			
2	8			7				
		1	9				2	3
	3					8		
	5		6				4	

Sudoku Puzzle 392

2		3	5					
8			3					4
	5		1					
6						5		
				8			4	
		7				2		
	9				1		8	
1				3	7			9
		2	4		9		3	5

Sudoku Puzzle 393

	4		6			2	7	
5		3	8		1			
	9	1	5					6
				6		1		3
		7			3		4	8
						4	8	
	6				5			9
			7					

Sudoku Puzzle 394

		3			4			
4		5		1		3		
		7			2	6	9	
					5			
5	4			2				
8		1	6	9		2		
				5		4		9
7		4	1					
							6	8

Sudoku Puzzle 395

1			2		7			
			4					
5			6			1		8
		1				7		
	3		8	4	9	6		
	2		5			9		3
	4	7				8	2	
2				8				
3					2			

Sudoku Puzzle 396

	4	7					3	
1								7
5	6					2		8
						1		
3		1	7	5				
	5			6	4			
9		8		2	7	6		
		6				5		
	1				9		8	

Sudoku Puzzle 397

		1	7		3			6
	8		1	6				5
		6	5			8		
					8			
6	4					7		
3	1			4				8
				9	6			
9			4		5			3
	3				2			

Sudoku Puzzle 398

				3				8
1	3	6		2		4		
			1		9		6	
					8			
	4	1					8	
		7						5
9		3	7	5			1	
		4			3		7	
			6	9		2		

Sudoku Puzzle 399

			7		2			6
	2		1		9			4
		7		5				
	5	3	6				2	
							3	
		2	9			6		
			3	6	4	9		
	3						5	8
				8				2

Sudoku Puzzle 400

	7	2			3			
		4				1		
			8		5	3		
2			3	9	8		4	
4	6						9	
						5		2
				8		2		
								1
	2	6	9	7				8

Answer Page

Sudoku Puzzle 1

7	1	5	2	4	8	6	3	9
2	9	6	7	3	5	8	4	1
4	8	3	9	1	6	7	2	5
9	7	2	6	8	3	1	5	4
8	5	1	4	9	2	3	7	6
6	3	4	5	7	1	9	8	2
5	2	7	8	6	9	4	1	3
3	6	8	1	5	4	2	9	7
1	4	9	3	2	7	5	6	8

Sudoku Puzzle 2

9	4	7	1	8	3	2	6	5
8	2	3	6	7	5	4	9	1
5	1	6	4	2	9	8	7	3
6	8	4	9	5	2	1	3	7
1	7	5	8	3	4	6	2	9
3	9	2	7	6	1	5	4	8
4	6	1	5	9	7	3	8	2
7	3	8	2	1	6	9	5	4
2	5	9	3	4	8	7	1	6

Sudoku Puzzle 3

9	1	5	4	2	7	8	3	6
7	6	8	3	9	5	4	1	2
4	3	2	8	6	1	7	5	9
8	9	1	6	3	4	2	7	5
5	4	6	9	7	2	3	8	1
2	7	3	1	5	8	6	9	4
3	5	7	2	1	6	9	4	8
6	8	9	5	4	3	1	2	7
1	2	4	7	8	9	5	6	3

Sudoku Puzzle 4

9	2	8	3	5	1	7	6	4
3	5	4	8	7	6	9	1	2
6	7	1	4	9	2	8	5	3
8	4	6	1	3	7	2	9	5
1	9	2	6	8	5	4	3	7
5	3	7	9	2	4	1	8	6
4	6	5	7	1	8	3	2	9
7	8	9	2	6	3	5	4	1
2	1	3	5	4	9	6	7	8

Sudoku Puzzle 5

4	7	1	3	2	9	6	8	5
5	9	8	6	4	7	1	2	3
6	3	2	8	1	5	4	9	7
2	1	3	5	9	6	8	7	4
9	5	7	2	8	4	3	6	1
8	6	4	1	7	3	2	5	9
7	8	5	4	3	2	9	1	6
3	2	9	7	6	1	5	4	8
1	4	6	9	5	8	7	3	2

Sudoku Puzzle 6

9	7	2	4	3	8	1	5	6
5	4	6	9	2	1	7	8	3
3	1	8	5	7	6	4	2	9
1	2	4	6	9	5	8	3	7
6	3	5	7	8	4	9	1	2
8	9	7	2	1	3	5	6	4
4	8	9	1	6	2	3	7	5
7	6	1	3	5	9	2	4	8
2	5	3	8	4	7	6	9	1

Sudoku Puzzle 7

5	6	8	3	4	9	1	2	7
9	3	4	7	2	1	8	5	6
2	1	7	8	5	6	4	3	9
8	9	2	5	6	3	7	4	1
4	7	6	1	8	2	3	9	5
3	5	1	4	9	7	6	8	2
7	4	5	9	1	8	2	6	3
6	8	3	2	7	5	9	1	4
1	2	9	6	3	4	5	7	8

Sudoku Puzzle 8

3	7	1	2	4	6	5	8	9
5	9	4	1	3	8	6	7	2
8	6	2	9	5	7	1	3	4
7	1	5	6	2	9	3	4	8
2	3	9	8	1	4	7	5	6
6	4	8	5	7	3	2	9	1
1	2	3	4	8	5	9	6	7
9	8	7	3	6	1	4	2	5
4	5	6	7	9	2	8	1	3

Sudoku Puzzle 9

8	2	6	3	5	9	7	1	4
5	3	4	2	1	7	9	8	6
7	9	1	8	6	4	5	2	3
1	6	3	7	8	5	4	9	2
4	8	9	6	2	1	3	5	7
2	7	5	4	9	3	1	6	8
3	5	2	9	4	8	6	7	1
6	1	7	5	3	2	8	4	9
9	4	8	1	7	6	2	3	5

Sudoku Puzzle 10

6	8	7	2	3	9	5	4	1
3	5	1	8	7	4	6	2	9
9	4	2	1	5	6	7	8	3
2	6	4	7	8	3	1	9	5
8	7	3	5	9	1	4	6	2
1	9	5	6	4	2	3	7	8
7	3	9	4	1	8	2	5	6
4	1	6	9	2	5	8	3	7
5	2	8	3	6	7	9	1	4

Sudoku Puzzle 11

4	5	9	8	2	3	7	1	6
3	8	1	9	7	6	5	4	2
6	2	7	5	1	4	9	8	3
8	9	3	2	4	5	6	7	1
1	6	2	7	8	9	4	3	5
5	7	4	6	3	1	2	9	8
9	4	6	3	5	8	1	2	7
7	3	5	1	9	2	8	6	4
2	1	8	4	6	7	3	5	9

Sudoku Puzzle 12

4	7	8	2	9	6	1	5	3
3	1	9	7	5	4	6	8	2
5	6	2	8	3	1	9	4	7
6	3	1	5	7	8	2	9	4
2	5	4	9	6	3	7	1	8
8	9	7	1	4	2	5	3	6
7	2	3	4	1	9	8	6	5
9	4	5	6	8	7	3	2	1
1	8	6	3	2	5	4	7	9

Sudoku Puzzle 13

4	3	8	6	1	9	5	2	7
2	7	1	4	3	5	8	9	6
6	5	9	7	8	2	1	3	4
5	1	3	9	4	6	2	7	8
8	4	7	1	2	3	9	6	5
9	6	2	5	7	8	4	1	3
7	9	4	8	6	1	3	5	2
3	8	5	2	9	7	6	4	1
1	2	6	3	5	4	7	8	9

Sudoku Puzzle 14

9	4	8	6	2	1	7	3	5
6	1	3	8	7	5	9	2	4
2	5	7	9	3	4	1	6	8
8	6	5	4	9	7	3	1	2
1	7	4	3	5	2	6	8	9
3	9	2	1	6	8	4	5	7
5	2	6	7	4	3	8	9	1
7	3	1	5	8	9	2	4	6
4	8	9	2	1	6	5	7	3

Sudoku Puzzle 15

3	8	4	2	9	1	5	7	6
1	7	5	4	6	8	3	2	9
9	2	6	7	5	3	1	8	4
5	3	8	6	4	2	7	9	1
6	4	2	1	7	9	8	5	3
7	9	1	8	3	5	6	4	2
2	6	3	9	8	7	4	1	5
4	1	7	5	2	6	9	3	8
8	5	9	3	1	4	2	6	7

Sudoku Puzzle 16

9	8	6	5	7	2	4	3	1
4	3	2	1	8	9	6	7	5
5	7	1	4	6	3	8	2	9
6	2	9	3	4	7	1	5	8
1	5	8	2	9	6	3	4	7
7	4	3	8	5	1	2	9	6
8	1	5	9	2	4	7	6	3
2	9	7	6	3	8	5	1	4
3	6	4	7	1	5	9	8	2

Sudoku Puzzle 17

2	4	5	9	7	3	1	8	6
1	6	7	4	8	2	3	9	5
3	8	9	6	5	1	4	2	7
7	5	8	1	2	6	9	4	3
6	3	4	8	9	7	5	1	2
9	2	1	3	4	5	7	6	8
8	7	2	5	1	9	6	3	4
4	9	6	7	3	8	2	5	1
5	1	3	2	6	4	8	7	9

Sudoku Puzzle 18

7	4	2	1	3	8	9	6	5
8	6	9	7	4	5	2	1	3
1	5	3	6	2	9	4	8	7
3	7	8	2	1	6	5	9	4
9	2	6	8	5	4	3	7	1
5	1	4	9	7	3	8	2	6
6	9	5	4	8	1	7	3	2
4	8	7	3	6	2	1	5	9
2	3	1	5	9	7	6	4	8

Sudoku Puzzle 19

6	8	3	7	9	2	1	4	5
5	2	1	3	8	4	7	6	9
4	7	9	5	6	1	8	2	3
8	5	6	1	4	9	2	3	7
3	9	2	8	7	6	4	5	1
7	1	4	2	3	5	9	8	6
9	4	7	6	2	3	5	1	8
1	6	8	4	5	7	3	9	2
2	3	5	9	1	8	6	7	4

Sudoku Puzzle 20

8	2	3	1	6	7	4	9	5
4	7	6	3	9	5	2	1	8
5	9	1	4	8	2	7	6	3
6	3	5	7	2	1	9	8	4
7	8	4	5	3	9	1	2	6
9	1	2	6	4	8	5	3	7
3	6	9	2	7	4	8	5	1
1	4	8	9	5	6	3	7	2
2	5	7	8	1	3	6	4	9

Sudoku Puzzle 21

7	8	6	1	4	3	9	2	5
4	1	9	2	7	5	8	3	6
5	2	3	6	9	8	7	4	1
3	9	1	5	2	6	4	7	8
2	6	4	8	1	7	5	9	3
8	7	5	4	3	9	6	1	2
1	3	8	7	5	4	2	6	9
6	4	2	9	8	1	3	5	7
9	5	7	3	6	2	1	8	4

Sudoku Puzzle 22

8	4	6	9	3	2	1	7	5
2	7	9	6	5	1	8	3	4
3	5	1	4	8	7	9	6	2
7	9	4	5	2	3	6	1	8
6	2	8	7	1	4	3	5	9
5	1	3	8	9	6	4	2	7
4	6	5	3	7	9	2	8	1
1	3	7	2	4	8	5	9	6
9	8	2	1	6	5	7	4	3

Sudoku Puzzle 23

9	3	4	1	5	2	7	8	6
5	6	7	8	3	9	2	1	4
8	2	1	4	6	7	9	5	3
2	4	3	9	1	5	6	7	8
6	5	8	3	7	4	1	2	9
1	7	9	2	8	6	3	4	5
4	1	6	7	9	8	5	3	2
3	9	2	5	4	1	8	6	7
7	8	5	6	2	3	4	9	1

Sudoku Puzzle 24

5	7	3	6	1	9	2	8	4
2	4	9	3	8	7	5	1	6
6	8	1	5	2	4	3	7	9
4	9	8	7	3	2	6	5	1
1	5	6	4	9	8	7	3	2
3	2	7	1	6	5	9	4	8
8	3	4	2	7	6	1	9	5
9	1	2	8	5	3	4	6	7
7	6	5	9	4	1	8	2	3

Sudoku Puzzle 25

9	7	2	8	1	5	6	3	4
8	6	1	9	4	3	2	5	7
3	5	4	2	6	7	1	9	8
4	8	7	5	9	6	3	1	2
1	9	5	3	2	8	4	7	6
2	3	6	4	7	1	9	8	5
6	4	3	7	8	9	5	2	1
7	1	9	6	5	2	8	4	3
5	2	8	1	3	4	7	6	9

Sudoku Puzzle 26

1	4	6	8	5	3	9	7	2
8	5	2	9	6	7	3	1	4
7	3	9	4	1	2	5	6	8
6	7	8	2	3	9	1	4	5
5	1	4	6	7	8	2	3	9
9	2	3	5	4	1	7	8	6
3	6	5	1	9	4	8	2	7
4	8	1	7	2	5	6	9	3
2	9	7	3	8	6	4	5	1

Sudoku Puzzle 27

6	5	3	2	4	9	7	8	1
7	4	1	8	3	5	6	2	9
9	8	2	1	7	6	3	4	5
3	7	6	9	1	2	8	5	4
5	2	9	4	8	7	1	6	3
4	1	8	5	6	3	2	9	7
1	9	5	7	2	8	4	3	6
8	3	4	6	9	1	5	7	2
2	6	7	3	5	4	9	1	8

Sudoku Puzzle 28

2	6	5	8	3	1	7	4	9
9	8	7	6	4	5	2	3	1
4	1	3	9	7	2	6	5	8
3	7	9	2	1	6	4	8	5
8	5	6	4	9	7	3	1	2
1	2	4	5	8	3	9	6	7
7	3	2	1	6	8	5	9	4
6	4	8	7	5	9	1	2	3
5	9	1	3	2	4	8	7	6

Sudoku Puzzle 29

2	6	5	1	9	4	7	8	3
8	1	7	5	2	3	6	4	9
3	9	4	7	6	8	5	1	2
5	3	6	9	4	7	8	2	1
4	2	1	3	8	6	9	5	7
9	7	8	2	1	5	3	6	4
6	4	9	8	3	2	1	7	5
1	5	2	6	7	9	4	3	8
7	8	3	4	5	1	2	9	6

Sudoku Puzzle 30

7	1	6	2	3	5	4	9	8
5	4	2	1	8	9	6	7	3
3	8	9	4	7	6	1	5	2
9	6	8	7	5	1	2	3	4
1	5	7	3	2	4	9	8	6
4	2	3	9	6	8	5	1	7
2	3	4	5	1	7	8	6	9
6	9	5	8	4	3	7	2	1
8	7	1	6	9	2	3	4	5

Sudoku Puzzle 31

4	6	7	8	1	2	9	5	3
5	9	2	4	7	3	6	8	1
1	8	3	9	6	5	7	2	4
9	5	1	2	4	8	3	6	7
7	2	4	1	3	6	5	9	8
8	3	6	5	9	7	1	4	2
3	1	8	6	2	9	4	7	5
2	4	9	7	5	1	8	3	6
6	7	5	3	8	4	2	1	9

Sudoku Puzzle 32

9	6	5	4	2	7	1	8	3
8	2	4	1	9	3	5	6	7
7	1	3	8	5	6	4	9	2
2	9	6	7	1	8	3	5	4
3	8	1	5	4	2	6	7	9
4	5	7	6	3	9	8	2	1
1	3	9	2	8	5	7	4	6
6	4	8	9	7	1	2	3	5
5	7	2	3	6	4	9	1	8

Sudoku Puzzle 33

4	5	6	2	3	1	8	7	9
3	7	9	5	6	8	4	2	1
2	8	1	4	7	9	6	5	3
7	9	8	1	2	5	3	4	6
6	4	5	3	8	7	1	9	2
1	2	3	9	4	6	5	8	7
5	6	4	7	9	3	2	1	8
9	3	2	8	1	4	7	6	5
8	1	7	6	5	2	9	3	4

Sudoku Puzzle 34

5	6	2	1	3	8	7	4	9
8	1	9	2	7	4	5	3	6
7	3	4	9	5	6	8	1	2
4	8	3	6	2	7	9	5	1
6	7	5	3	1	9	2	8	4
2	9	1	4	8	5	6	7	3
9	2	7	5	4	1	3	6	8
3	4	8	7	6	2	1	9	5
1	5	6	8	9	3	4	2	7

Sudoku Puzzle 35

3	5	1	4	6	9	2	8	7
2	6	9	7	5	8	1	4	3
4	8	7	1	3	2	5	6	9
5	3	2	6	9	4	7	1	8
7	1	4	8	2	3	6	9	5
8	9	6	5	7	1	3	2	4
9	4	3	2	1	5	8	7	6
1	7	8	3	4	6	9	5	2
6	2	5	9	8	7	4	3	1

Sudoku Puzzle 36

4	2	7	6	1	5	8	3	9
6	3	9	4	2	8	1	7	5
5	8	1	7	3	9	4	2	6
2	1	3	9	8	6	5	4	7
9	7	4	2	5	3	6	8	1
8	6	5	1	7	4	2	9	3
1	9	2	8	6	7	3	5	4
3	4	8	5	9	1	7	6	2
7	5	6	3	4	2	9	1	8

Sudoku Puzzle 37

1	5	6	4	7	8	3	2	9
7	2	9	6	1	3	5	4	8
3	4	8	5	2	9	1	6	7
9	6	3	2	8	5	7	1	4
2	8	4	1	9	7	6	5	3
5	1	7	3	4	6	9	8	2
4	7	5	8	3	1	2	9	6
6	9	2	7	5	4	8	3	1
8	3	1	9	6	2	4	7	5

Sudoku Puzzle 38

4	3	8	1	9	7	6	5	2
6	2	7	3	8	5	1	4	9
9	1	5	4	6	2	3	7	8
7	4	2	9	5	3	8	6	1
8	5	3	6	7	1	9	2	4
1	6	9	2	4	8	7	3	5
5	7	4	8	3	9	2	1	6
2	9	6	7	1	4	5	8	3
3	8	1	5	2	6	4	9	7

Sudoku Puzzle 39

4	7	2	9	3	8	1	5	6
3	5	8	6	7	1	9	2	4
6	1	9	5	2	4	3	7	8
9	8	1	7	6	2	5	4	3
5	2	6	1	4	3	7	8	9
7	3	4	8	5	9	6	1	2
2	6	5	3	8	7	4	9	1
1	4	3	2	9	5	8	6	7
8	9	7	4	1	6	2	3	5

Sudoku Puzzle 40

8	2	4	7	6	1	5	3	9
5	6	3	4	8	9	2	7	1
1	9	7	3	2	5	4	8	6
3	7	5	8	1	6	9	2	4
9	4	8	5	7	2	6	1	3
6	1	2	9	4	3	7	5	8
7	3	9	1	5	4	8	6	2
4	8	6	2	3	7	1	9	5
2	5	1	6	9	8	3	4	7

Sudoku Puzzle 41

3	6	5	8	1	7	4	9	2
8	4	9	6	5	2	7	1	3
2	7	1	4	3	9	8	5	6
6	8	7	5	2	3	1	4	9
1	9	4	7	6	8	2	3	5
5	2	3	9	4	1	6	8	7
7	3	6	1	8	5	9	2	4
4	5	8	2	9	6	3	7	1
9	1	2	3	7	4	5	6	8

Sudoku Puzzle 42

8	4	5	7	1	2	6	3	9
6	7	9	3	5	8	1	4	2
3	1	2	9	6	4	5	8	7
1	6	7	4	8	9	2	5	3
9	3	8	2	7	5	4	6	1
2	5	4	1	3	6	7	9	8
5	9	3	6	2	7	8	1	4
4	2	6	8	9	1	3	7	5
7	8	1	5	4	3	9	2	6

Sudoku Puzzle 43

6	9	1	5	2	7	8	3	4
2	7	5	3	4	8	9	6	1
8	3	4	6	9	1	5	2	7
1	4	3	9	8	6	7	5	2
9	8	7	4	5	2	3	1	6
5	2	6	1	7	3	4	8	9
7	6	9	8	1	5	2	4	3
4	1	8	2	3	9	6	7	5
3	5	2	7	6	4	1	9	8

Sudoku Puzzle 44

4	9	5	2	3	7	1	8	6
8	7	3	6	4	1	5	9	2
1	2	6	5	9	8	3	7	4
2	6	1	8	5	3	9	4	7
3	4	9	7	2	6	8	5	1
5	8	7	9	1	4	2	6	3
7	5	4	1	8	2	6	3	9
9	3	2	4	6	5	7	1	8
6	1	8	3	7	9	4	2	5

Sudoku Puzzle 45

3	1	6	8	4	5	7	9	2
8	5	7	9	2	1	6	3	4
9	4	2	6	7	3	5	1	8
4	8	1	5	9	7	3	2	6
6	3	5	2	8	4	9	7	1
2	7	9	3	1	6	8	4	5
5	2	4	7	3	8	1	6	9
1	6	3	4	5	9	2	8	7
7	9	8	1	6	2	4	5	3

Sudoku Puzzle 46

2	3	8	1	5	4	9	7	6
6	1	5	9	3	7	8	2	4
7	9	4	2	8	6	5	1	3
5	8	3	7	2	9	4	6	1
4	7	2	6	1	5	3	9	8
1	6	9	8	4	3	7	5	2
3	2	7	4	9	1	6	8	5
9	5	1	3	6	8	2	4	7
8	4	6	5	7	2	1	3	9

Sudoku Puzzle 47

2	1	6	8	4	5	3	7	9
3	7	5	6	1	9	8	2	4
9	8	4	3	7	2	1	6	5
4	2	8	9	3	6	7	5	1
6	3	7	1	5	4	2	9	8
1	5	9	7	2	8	6	4	3
7	4	1	2	9	3	5	8	6
8	9	2	5	6	1	4	3	7
5	6	3	4	8	7	9	1	2

Sudoku Puzzle 48

1	9	3	6	5	8	7	4	2
5	6	7	2	1	4	9	3	8
2	8	4	7	3	9	5	1	6
7	5	2	4	8	6	3	9	1
9	4	1	3	2	5	6	8	7
8	3	6	1	9	7	4	2	5
4	7	9	8	6	1	2	5	3
6	2	8	5	4	3	1	7	9
3	1	5	9	7	2	8	6	4

Sudoku Puzzle 49

2	9	5	3	4	1	7	6	8
8	1	7	6	9	5	3	2	4
3	4	6	2	7	8	9	5	1
5	8	3	1	6	4	2	9	7
7	6	1	5	2	9	8	4	3
4	2	9	7	8	3	6	1	5
9	7	4	8	1	2	5	3	6
1	5	8	9	3	6	4	7	2
6	3	2	4	5	7	1	8	9

Sudoku Puzzle 50

2	5	1	7	9	6	3	8	4
9	8	4	5	2	3	1	7	6
7	3	6	4	1	8	9	5	2
8	6	2	1	5	7	4	9	3
1	9	3	6	8	4	5	2	7
4	7	5	9	3	2	8	6	1
3	4	9	2	6	5	7	1	8
6	1	7	8	4	9	2	3	5
5	2	8	3	7	1	6	4	9

Sudoku Puzzle 51

4	1	5	6	7	3	2	9	8
9	8	6	5	1	2	3	7	4
7	2	3	9	4	8	6	1	5
6	9	4	8	2	7	1	5	3
1	7	2	4	3	5	8	6	9
3	5	8	1	6	9	7	4	2
2	4	7	3	5	6	9	8	1
8	6	1	2	9	4	5	3	7
5	3	9	7	8	1	4	2	6

Sudoku Puzzle 52

7	6	2	4	9	3	1	5	8
3	9	8	1	6	5	2	4	7
4	5	1	2	7	8	3	9	6
8	1	3	9	2	4	6	7	5
6	4	5	8	3	7	9	2	1
9	2	7	5	1	6	8	3	4
5	3	4	6	8	9	7	1	2
1	8	9	7	5	2	4	6	3
2	7	6	3	4	1	5	8	9

Sudoku Puzzle 53

8	3	6	7	5	1	4	2	9
1	4	2	6	8	9	7	5	3
5	9	7	2	3	4	1	6	8
4	6	3	9	1	8	2	7	5
9	2	5	4	7	6	8	3	1
7	8	1	5	2	3	6	9	4
6	7	4	1	9	5	3	8	2
3	1	9	8	6	2	5	4	7
2	5	8	3	4	7	9	1	6

Sudoku Puzzle 54

6	7	8	4	9	5	1	2	3
2	3	9	8	6	1	7	4	5
5	1	4	2	7	3	8	9	6
9	6	5	7	4	2	3	1	8
8	4	7	1	3	6	9	5	2
3	2	1	5	8	9	6	7	4
1	9	2	6	5	8	4	3	7
7	5	6	3	1	4	2	8	9
4	8	3	9	2	7	5	6	1

Sudoku Puzzle 55

5	9	7	6	4	3	1	2	8
3	1	8	7	5	2	4	9	6
4	6	2	1	8	9	7	3	5
6	7	1	5	3	8	2	4	9
2	5	3	4	9	6	8	7	1
8	4	9	2	1	7	6	5	3
1	8	4	9	7	5	3	6	2
7	2	5	3	6	1	9	8	4
9	3	6	8	2	4	5	1	7

Sudoku Puzzle 56

8	1	3	9	7	5	4	6	2
6	2	9	8	3	4	5	1	7
4	7	5	2	6	1	8	3	9
1	5	7	3	9	6	2	4	8
3	9	4	5	2	8	6	7	1
2	8	6	4	1	7	3	9	5
9	3	1	6	8	2	7	5	4
7	4	2	1	5	3	9	8	6
5	6	8	7	4	9	1	2	3

Sudoku Puzzle 57

6	7	2	3	4	9	1	5	8
3	4	9	1	8	5	7	6	2
1	5	8	2	7	6	3	9	4
9	2	4	8	3	7	6	1	5
5	6	7	9	1	4	2	8	3
8	3	1	6	5	2	9	4	7
2	1	5	4	6	3	8	7	9
4	8	3	7	9	1	5	2	6
7	9	6	5	2	8	4	3	1

Sudoku Puzzle 58

4	3	9	8	2	6	1	7	5
5	2	7	4	1	9	3	8	6
8	1	6	5	7	3	2	9	4
1	7	2	3	8	5	4	6	9
9	5	4	1	6	7	8	3	2
3	6	8	9	4	2	5	1	7
2	8	1	7	9	4	6	5	3
7	4	5	6	3	1	9	2	8
6	9	3	2	5	8	7	4	1

Sudoku Puzzle 59

3	9	2	7	8	4	6	1	5
6	1	8	2	5	9	4	7	3
7	5	4	3	1	6	2	9	8
4	3	9	8	7	2	5	6	1
1	7	6	5	9	3	8	2	4
2	8	5	4	6	1	7	3	9
9	6	7	1	4	5	3	8	2
8	4	3	9	2	7	1	5	6
5	2	1	6	3	8	9	4	7

Sudoku Puzzle 60

6	3	9	8	7	2	5	4	1
5	8	2	9	4	1	6	7	3
1	4	7	3	5	6	2	9	8
7	6	8	1	9	4	3	2	5
3	9	4	2	8	5	7	1	6
2	5	1	6	3	7	4	8	9
9	1	5	7	2	3	8	6	4
8	7	3	4	6	9	1	5	2
4	2	6	5	1	8	9	3	7

Sudoku Puzzle 61

8	1	3	2	9	4	7	6	5
2	7	4	8	6	5	1	9	3
6	5	9	7	3	1	8	2	4
9	8	7	4	5	2	3	1	6
4	3	2	1	7	6	9	5	8
1	6	5	9	8	3	2	4	7
7	9	6	5	2	8	4	3	1
3	2	1	6	4	7	5	8	9
5	4	8	3	1	9	6	7	2

Sudoku Puzzle 62

4	7	8	5	3	9	6	2	1
6	2	3	8	7	1	5	4	9
5	9	1	2	4	6	3	8	7
7	5	2	3	9	8	4	1	6
8	6	9	7	1	4	2	5	3
1	3	4	6	5	2	7	9	8
3	8	5	9	2	7	1	6	4
2	1	6	4	8	3	9	7	5
9	4	7	1	6	5	8	3	2

Sudoku Puzzle 63

7	8	9	6	5	2	4	1	3
4	3	6	8	1	7	5	9	2
2	1	5	3	4	9	7	8	6
1	6	8	5	9	4	3	2	7
3	5	7	2	6	1	9	4	8
9	4	2	7	8	3	1	6	5
8	7	4	1	3	6	2	5	9
6	2	1	9	7	5	8	3	4
5	9	3	4	2	8	6	7	1

Sudoku Puzzle 64

4	5	6	2	3	7	8	1	9
9	1	7	6	8	4	5	3	2
2	8	3	9	1	5	4	7	6
3	4	8	1	7	6	2	9	5
7	9	5	8	4	2	1	6	3
6	2	1	5	9	3	7	8	4
1	7	2	4	6	9	3	5	8
5	3	9	7	2	8	6	4	1
8	6	4	3	5	1	9	2	7

Sudoku Puzzle 65

8	7	3	4	9	6	1	2	5
5	6	9	8	1	2	7	4	3
2	4	1	5	3	7	8	9	6
3	1	4	6	2	9	5	7	8
9	5	7	3	8	1	2	6	4
6	8	2	7	5	4	3	1	9
4	2	5	9	7	3	6	8	1
1	3	6	2	4	8	9	5	7
7	9	8	1	6	5	4	3	2

Sudoku Puzzle 66

8	2	7	5	9	6	3	4	1
9	5	3	2	1	4	7	8	6
1	4	6	8	7	3	5	9	2
2	8	1	9	4	7	6	3	5
3	7	5	6	2	8	4	1	9
4	6	9	3	5	1	2	7	8
6	9	8	7	3	5	1	2	4
7	1	2	4	6	9	8	5	3
5	3	4	1	8	2	9	6	7

Sudoku Puzzle 67

3	4	9	6	1	7	2	8	5
6	5	8	3	4	2	9	7	1
7	2	1	8	5	9	4	3	6
9	3	7	4	6	1	8	5	2
8	6	4	9	2	5	3	1	7
2	1	5	7	8	3	6	4	9
5	8	6	1	9	4	7	2	3
1	9	3	2	7	8	5	6	4
4	7	2	5	3	6	1	9	8

Sudoku Puzzle 68

7	4	6	9	2	5	1	8	3
3	2	8	7	4	1	5	6	9
1	5	9	3	6	8	2	4	7
4	1	7	6	9	2	3	5	8
2	6	5	8	1	3	9	7	4
9	8	3	4	5	7	6	1	2
8	9	4	1	3	6	7	2	5
6	7	2	5	8	9	4	3	1
5	3	1	2	7	4	8	9	6

Sudoku Puzzle 69

6	7	4	2	9	3	5	1	8
5	9	1	7	4	8	6	3	2
2	8	3	5	1	6	4	7	9
9	1	2	4	8	5	3	6	7
8	4	7	6	3	1	2	9	5
3	5	6	9	7	2	1	8	4
1	3	5	8	2	7	9	4	6
4	2	8	1	6	9	7	5	3
7	6	9	3	5	4	8	2	1

Sudoku Puzzle 70

5	1	3	2	9	8	4	7	6
9	8	4	5	6	7	3	2	1
7	2	6	3	1	4	5	8	9
1	4	5	9	8	6	7	3	2
6	3	9	4	7	2	8	1	5
8	7	2	1	5	3	9	6	4
3	9	1	8	2	5	6	4	7
4	5	7	6	3	1	2	9	8
2	6	8	7	4	9	1	5	3

Sudoku Puzzle 71

9	4	6	1	7	2	5	3	8
5	1	3	8	9	6	2	7	4
7	8	2	3	4	5	6	1	9
4	5	7	6	3	1	9	8	2
3	9	8	5	2	4	7	6	1
6	2	1	9	8	7	3	4	5
2	7	9	4	6	8	1	5	3
8	6	5	2	1	3	4	9	7
1	3	4	7	5	9	8	2	6

Sudoku Puzzle 72

1	7	8	4	6	9	2	5	3
5	2	4	8	7	3	1	9	6
9	3	6	2	1	5	8	4	7
8	6	1	5	3	4	7	2	9
4	5	2	9	8	7	3	6	1
7	9	3	6	2	1	5	8	4
3	4	9	1	5	2	6	7	8
2	8	7	3	4	6	9	1	5
6	1	5	7	9	8	4	3	2

Sudoku Puzzle 73

4	1	5	3	6	8	7	2	9
7	9	8	2	4	1	3	6	5
2	6	3	5	9	7	1	4	8
5	7	2	9	1	6	8	3	4
6	3	1	8	5	4	9	7	2
9	8	4	7	3	2	5	1	6
8	5	6	4	7	3	2	9	1
1	2	7	6	8	9	4	5	3
3	4	9	1	2	5	6	8	7

Sudoku Puzzle 74

5	2	4	8	7	6	9	3	1
7	9	6	5	3	1	8	4	2
8	3	1	9	2	4	7	6	5
2	5	8	4	9	7	3	1	6
6	7	9	2	1	3	4	5	8
1	4	3	6	5	8	2	9	7
9	6	7	1	4	2	5	8	3
3	8	5	7	6	9	1	2	4
4	1	2	3	8	5	6	7	9

Sudoku Puzzle 75

7	2	6	8	3	4	1	9	5
4	1	9	7	2	5	8	6	3
3	8	5	1	6	9	2	7	4
8	5	2	4	7	1	9	3	6
9	4	1	6	5	3	7	8	2
6	3	7	2	9	8	5	4	1
5	9	4	3	1	7	6	2	8
1	6	8	9	4	2	3	5	7
2	7	3	5	8	6	4	1	9

Sudoku Puzzle 76

4	2	6	5	1	9	8	7	3
7	5	8	2	6	3	9	4	1
1	3	9	7	4	8	5	6	2
5	6	7	3	2	4	1	8	9
2	8	1	6	9	7	3	5	4
9	4	3	1	8	5	6	2	7
6	9	2	8	7	1	4	3	5
3	7	4	9	5	6	2	1	8
8	1	5	4	3	2	7	9	6

Sudoku Puzzle 77

9	3	6	8	1	5	4	7	2
8	4	2	7	9	3	1	5	6
7	5	1	4	6	2	9	8	3
6	7	5	3	8	1	2	4	9
2	1	9	5	4	6	7	3	8
4	8	3	9	2	7	6	1	5
3	2	4	1	5	9	8	6	7
1	9	7	6	3	8	5	2	4
5	6	8	2	7	4	3	9	1

Sudoku Puzzle 78

2	3	7	6	1	5	9	4	8
9	5	6	8	2	4	7	3	1
8	4	1	9	7	3	5	2	6
5	7	3	4	6	9	1	8	2
4	1	8	5	3	2	6	9	7
6	9	2	1	8	7	4	5	3
7	6	4	2	5	8	3	1	9
1	8	9	3	4	6	2	7	5
3	2	5	7	9	1	8	6	4

Sudoku Puzzle 79

4	3	5	7	1	6	8	9	2
8	1	2	9	5	3	4	6	7
9	6	7	8	4	2	1	3	5
5	4	3	6	2	9	7	1	8
2	9	6	1	8	7	5	4	3
1	7	8	5	3	4	6	2	9
7	2	4	3	6	5	9	8	1
3	5	1	4	9	8	2	7	6
6	8	9	2	7	1	3	5	4

Sudoku Puzzle 80

5	4	3	2	9	1	8	7	6
2	8	7	3	4	6	1	5	9
9	1	6	7	8	5	4	3	2
1	7	2	6	5	9	3	4	8
8	6	5	1	3	4	9	2	7
3	9	4	8	2	7	6	1	5
4	5	8	9	7	3	2	6	1
7	2	1	4	6	8	5	9	3
6	3	9	5	1	2	7	8	4

Sudoku Puzzle 81

2	3	7	8	5	9	4	1	6
4	8	5	6	1	3	7	2	9
6	9	1	4	7	2	8	3	5
7	4	8	3	6	5	2	9	1
1	5	2	7	9	4	3	6	8
9	6	3	2	8	1	5	4	7
3	1	9	5	2	8	6	7	4
5	2	6	1	4	7	9	8	3
8	7	4	9	3	6	1	5	2

Sudoku Puzzle 82

9	8	3	7	6	5	4	1	2
6	1	2	4	8	9	5	7	3
4	7	5	3	2	1	6	9	8
7	5	9	1	3	8	2	6	4
2	6	1	5	7	4	8	3	9
8	3	4	2	9	6	7	5	1
5	9	8	6	1	2	3	4	7
3	2	6	9	4	7	1	8	5
1	4	7	8	5	3	9	2	6

Sudoku Puzzle 83

1	4	9	5	6	8	2	3	7
3	6	2	4	1	7	8	9	5
5	8	7	2	3	9	1	6	4
4	9	8	6	2	3	5	7	1
6	5	3	8	7	1	9	4	2
2	7	1	9	4	5	6	8	3
7	3	6	1	9	2	4	5	8
8	1	4	3	5	6	7	2	9
9	2	5	7	8	4	3	1	6

Sudoku Puzzle 84

8	9	6	3	4	1	7	2	5
4	7	3	5	8	2	9	6	1
5	2	1	7	6	9	4	8	3
2	6	9	8	1	7	3	5	4
7	5	8	9	3	4	2	1	6
3	1	4	6	2	5	8	9	7
6	3	7	2	5	8	1	4	9
9	4	2	1	7	6	5	3	8
1	8	5	4	9	3	6	7	2

Sudoku Puzzle 85

1	8	9	7	4	6	3	5	2
5	2	3	8	9	1	4	7	6
7	6	4	5	3	2	1	8	9
8	1	6	2	7	5	9	3	4
2	3	7	4	8	9	6	1	5
9	4	5	6	1	3	8	2	7
3	7	2	9	6	8	5	4	1
6	5	8	1	2	4	7	9	3
4	9	1	3	5	7	2	6	8

Sudoku Puzzle 86

8	2	3	6	5	4	7	1	9
6	5	7	3	1	9	2	4	8
9	4	1	8	7	2	3	6	5
3	1	4	2	6	8	9	5	7
5	6	9	1	3	7	4	8	2
7	8	2	9	4	5	1	3	6
1	3	8	7	2	6	5	9	4
4	7	6	5	9	3	8	2	1
2	9	5	4	8	1	6	7	3

Sudoku Puzzle 87

1	9	5	3	8	6	4	2	7
4	6	3	9	7	2	8	5	1
8	7	2	4	5	1	6	9	3
3	5	8	6	9	7	1	4	2
9	1	4	5	2	3	7	6	8
7	2	6	8	1	4	9	3	5
2	4	1	7	6	5	3	8	9
5	3	9	1	4	8	2	7	6
6	8	7	2	3	9	5	1	4

Sudoku Puzzle 88

5	3	9	4	7	1	8	6	2
6	2	1	5	3	8	4	7	9
7	8	4	6	9	2	1	5	3
9	1	5	8	4	7	3	2	6
4	7	3	9	2	6	5	1	8
8	6	2	1	5	3	7	9	4
2	4	7	3	1	9	6	8	5
3	9	6	7	8	5	2	4	1
1	5	8	2	6	4	9	3	7

Sudoku Puzzle 89

7	2	9	3	6	8	4	5	1
5	6	4	2	1	9	7	8	3
3	8	1	7	5	4	2	6	9
1	7	2	5	4	3	6	9	8
9	3	6	1	8	7	5	2	4
8	4	5	6	9	2	1	3	7
4	9	7	8	2	5	3	1	6
6	5	3	9	7	1	8	4	2
2	1	8	4	3	6	9	7	5

Sudoku Puzzle 90

2	1	6	8	5	7	3	9	4
3	8	4	1	2	9	5	6	7
7	9	5	6	3	4	1	8	2
6	7	2	5	9	8	4	3	1
5	4	8	3	1	6	2	7	9
9	3	1	7	4	2	6	5	8
4	2	7	9	6	5	8	1	3
8	6	3	4	7	1	9	2	5
1	5	9	2	8	3	7	4	6

Sudoku Puzzle 91

7	8	5	6	2	3	1	9	4
6	4	1	5	9	7	3	8	2
3	2	9	8	1	4	5	6	7
8	3	6	7	5	2	4	1	9
1	7	2	3	4	9	6	5	8
5	9	4	1	8	6	2	7	3
2	5	3	9	6	8	7	4	1
9	1	7	4	3	5	8	2	6
4	6	8	2	7	1	9	3	5

Sudoku Puzzle 92

1	9	5	3	2	6	8	7	4
3	4	8	5	1	7	6	2	9
7	2	6	8	4	9	3	5	1
4	3	1	2	8	5	9	6	7
8	5	9	7	6	3	4	1	2
6	7	2	4	9	1	5	3	8
5	8	7	9	3	2	1	4	6
9	1	3	6	7	4	2	8	5
2	6	4	1	5	8	7	9	3

Sudoku Puzzle 93

9	3	5	6	2	7	8	1	4
1	6	8	9	4	3	5	7	2
7	4	2	1	8	5	6	3	9
3	8	1	2	5	9	7	4	6
5	7	4	8	3	6	9	2	1
6	2	9	7	1	4	3	5	8
8	1	7	3	6	2	4	9	5
4	9	6	5	7	1	2	8	3
2	5	3	4	9	8	1	6	7

Sudoku Puzzle 94

5	3	6	8	4	1	2	7	9
1	7	8	6	9	2	4	5	3
4	2	9	3	5	7	1	8	6
9	6	3	5	7	4	8	1	2
2	1	7	9	3	8	5	6	4
8	4	5	2	1	6	3	9	7
3	8	1	7	2	9	6	4	5
6	9	2	4	8	5	7	3	1
7	5	4	1	6	3	9	2	8

Sudoku Puzzle 95

6	4	1	8	5	7	3	2	9
9	3	7	6	4	2	5	1	8
8	5	2	3	1	9	7	6	4
5	7	8	1	3	6	4	9	2
3	6	4	2	9	8	1	5	7
2	1	9	5	7	4	8	3	6
7	9	5	4	6	1	2	8	3
1	8	6	7	2	3	9	4	5
4	2	3	9	8	5	6	7	1

Sudoku Puzzle 96

2	8	3	9	5	1	7	4	6
6	7	4	8	2	3	5	1	9
1	5	9	6	4	7	3	8	2
3	1	6	7	9	4	2	5	8
8	9	7	5	1	2	6	3	4
4	2	5	3	8	6	9	7	1
5	6	8	4	3	9	1	2	7
7	3	2	1	6	8	4	9	5
9	4	1	2	7	5	8	6	3

Sudoku Puzzle 97

6	7	8	4	1	9	5	3	2
4	9	1	5	2	3	6	7	8
5	2	3	7	8	6	4	1	9
9	1	6	8	3	2	7	4	5
3	4	5	6	9	7	8	2	1
2	8	7	1	5	4	9	6	3
7	5	9	2	4	1	3	8	6
8	6	2	3	7	5	1	9	4
1	3	4	9	6	8	2	5	7

Sudoku Puzzle 98

4	9	7	2	1	3	5	6	8
5	2	3	7	8	6	1	9	4
6	1	8	5	4	9	2	7	3
1	5	9	6	2	4	3	8	7
8	7	2	3	9	5	4	1	6
3	6	4	8	7	1	9	2	5
7	4	6	9	3	2	8	5	1
9	3	5	1	6	8	7	4	2
2	8	1	4	5	7	6	3	9

Sudoku Puzzle 99

3	2	8	4	7	5	1	9	6
9	5	4	2	1	6	8	3	7
1	6	7	8	9	3	2	5	4
5	4	6	1	8	9	7	2	3
8	1	9	3	2	7	4	6	5
7	3	2	6	5	4	9	8	1
2	8	3	5	4	1	6	7	9
4	7	5	9	6	2	3	1	8
6	9	1	7	3	8	5	4	2

Sudoku Puzzle 100

6	3	8	4	1	7	9	5	2
5	4	9	6	8	2	3	7	1
2	7	1	5	3	9	8	6	4
3	5	2	7	6	1	4	8	9
1	6	4	3	9	8	7	2	5
8	9	7	2	5	4	6	1	3
4	1	3	8	7	5	2	9	6
7	2	5	9	4	6	1	3	8
9	8	6	1	2	3	5	4	7

Sudoku Puzzle 101

4	9	5	8	7	3	6	2	1
6	8	7	9	2	1	4	3	5
3	1	2	5	4	6	8	9	7
9	6	4	1	8	7	2	5	3
5	3	8	2	6	9	7	1	4
2	7	1	4	3	5	9	8	6
8	2	3	7	1	4	5	6	9
1	4	9	6	5	2	3	7	8
7	5	6	3	9	8	1	4	2

Sudoku Puzzle 102

2	7	6	5	4	3	9	8	1
1	5	8	7	9	6	3	2	4
3	4	9	8	1	2	5	6	7
8	6	7	1	5	4	2	9	3
5	1	3	2	8	9	7	4	6
4	9	2	3	6	7	8	1	5
9	2	4	6	7	5	1	3	8
6	8	5	9	3	1	4	7	2
7	3	1	4	2	8	6	5	9

Sudoku Puzzle 103

3	1	5	9	6	4	7	2	8
2	6	4	5	8	7	3	1	9
7	8	9	1	3	2	4	6	5
1	7	8	3	4	5	2	9	6
6	4	2	8	1	9	5	7	3
9	5	3	7	2	6	8	4	1
4	2	1	6	5	3	9	8	7
5	9	6	2	7	8	1	3	4
8	3	7	4	9	1	6	5	2

Sudoku Puzzle 104

7	8	5	2	4	3	9	1	6
2	9	3	5	6	1	7	4	8
4	6	1	8	9	7	3	5	2
3	2	6	4	7	8	1	9	5
8	1	9	3	2	5	6	7	4
5	7	4	9	1	6	2	8	3
9	4	8	7	3	2	5	6	1
1	3	7	6	5	4	8	2	9
6	5	2	1	8	9	4	3	7

Sudoku Puzzle 105

2	3	9	8	1	6	5	7	4
4	5	7	3	9	2	6	1	8
6	8	1	4	5	7	9	3	2
5	4	6	9	3	8	1	2	7
9	2	3	1	7	5	4	8	6
7	1	8	2	6	4	3	9	5
3	6	2	7	4	1	8	5	9
8	9	4	5	2	3	7	6	1
1	7	5	6	8	9	2	4	3

Sudoku Puzzle 106

6	5	1	4	3	2	8	7	9
7	9	3	5	6	8	2	1	4
8	4	2	1	7	9	3	5	6
5	2	9	6	4	3	7	8	1
1	8	7	9	2	5	4	6	3
3	6	4	7	8	1	9	2	5
2	7	6	3	5	4	1	9	8
9	3	8	2	1	6	5	4	7
4	1	5	8	9	7	6	3	2

Sudoku Puzzle 107

2	1	8	5	9	7	4	6	3
4	3	7	1	8	6	5	9	2
9	5	6	3	2	4	1	7	8
7	9	1	2	4	5	8	3	6
5	2	3	9	6	8	7	4	1
8	6	4	7	1	3	2	5	9
1	8	5	4	3	9	6	2	7
6	4	9	8	7	2	3	1	5
3	7	2	6	5	1	9	8	4

Sudoku Puzzle 108

9	2	3	6	4	8	1	5	7
8	5	4	9	7	1	3	6	2
7	1	6	2	5	3	4	9	8
4	7	9	1	2	6	5	8	3
5	3	8	7	9	4	2	1	6
1	6	2	3	8	5	9	7	4
2	4	7	8	1	9	6	3	5
6	8	1	5	3	2	7	4	9
3	9	5	4	6	7	8	2	1

Sudoku Puzzle 109

7	5	3	8	1	9	2	6	4
2	4	8	6	5	3	1	9	7
6	9	1	4	2	7	3	8	5
5	1	7	3	8	2	6	4	9
9	6	4	1	7	5	8	2	3
3	8	2	9	6	4	5	7	1
4	3	5	2	9	6	7	1	8
1	7	6	5	4	8	9	3	2
8	2	9	7	3	1	4	5	6

Sudoku Puzzle 110

1	7	9	4	3	2	5	8	6
3	8	4	1	6	5	9	2	7
6	5	2	9	7	8	1	3	4
5	6	7	2	4	1	3	9	8
2	3	8	6	5	9	7	4	1
9	4	1	3	8	7	6	5	2
4	2	5	7	1	3	8	6	9
7	9	3	8	2	6	4	1	5
8	1	6	5	9	4	2	7	3

Sudoku Puzzle 111

1	5	2	7	6	9	4	8	3
6	7	9	8	4	3	1	5	2
4	3	8	1	5	2	6	7	9
7	8	1	4	9	5	2	3	6
3	2	4	6	8	7	9	1	5
9	6	5	3	2	1	8	4	7
5	4	3	9	1	6	7	2	8
2	1	6	5	7	8	3	9	4
8	9	7	2	3	4	5	6	1

Sudoku Puzzle 112

7	2	6	8	9	5	4	1	3
9	3	8	7	4	1	5	2	6
4	5	1	3	2	6	8	7	9
2	8	9	1	7	4	3	6	5
5	6	7	9	3	2	1	8	4
1	4	3	5	6	8	7	9	2
3	7	5	6	8	9	2	4	1
6	1	4	2	5	7	9	3	8
8	9	2	4	1	3	6	5	7

Sudoku Puzzle 113

2	7	1	5	9	3	8	4	6
8	5	3	6	7	4	9	1	2
4	6	9	8	1	2	3	7	5
1	9	6	7	4	5	2	8	3
5	4	7	2	3	8	1	6	9
3	2	8	9	6	1	4	5	7
6	1	2	4	5	9	7	3	8
7	8	4	3	2	6	5	9	1
9	3	5	1	8	7	6	2	4

Sudoku Puzzle 114

1	8	9	4	3	5	2	7	6
5	7	2	1	9	6	8	3	4
4	3	6	8	2	7	1	5	9
6	1	5	7	4	3	9	8	2
2	4	7	9	8	1	3	6	5
3	9	8	5	6	2	7	4	1
7	2	1	3	5	4	6	9	8
8	5	3	6	1	9	4	2	7
9	6	4	2	7	8	5	1	3

Sudoku Puzzle 115

9	7	6	3	8	2	1	5	4
1	8	3	7	5	4	9	6	2
5	2	4	6	1	9	3	7	8
8	5	1	9	6	7	4	2	3
2	4	9	1	3	5	6	8	7
3	6	7	2	4	8	5	1	9
7	3	8	5	9	6	2	4	1
6	1	2	4	7	3	8	9	5
4	9	5	8	2	1	7	3	6

Sudoku Puzzle 116

1	4	3	8	6	5	9	7	2
2	8	7	1	9	3	6	5	4
9	6	5	2	4	7	3	1	8
6	2	4	9	5	1	7	8	3
3	5	1	7	2	8	4	6	9
7	9	8	6	3	4	1	2	5
8	7	2	4	1	9	5	3	6
4	3	6	5	7	2	8	9	1
5	1	9	3	8	6	2	4	7

Sudoku Puzzle 117

5	1	4	6	2	7	8	9	3
9	8	7	5	4	3	6	1	2
2	6	3	9	1	8	7	4	5
3	5	6	4	9	1	2	8	7
7	4	2	3	8	6	9	5	1
1	9	8	7	5	2	3	6	4
6	7	5	1	3	9	4	2	8
4	2	9	8	7	5	1	3	6
8	3	1	2	6	4	5	7	9

Sudoku Puzzle 118

8	7	3	4	6	1	9	2	5
2	6	5	9	7	8	3	4	1
9	4	1	5	2	3	6	7	8
5	9	2	7	8	4	1	6	3
7	1	6	3	9	2	5	8	4
3	8	4	1	5	6	7	9	2
1	2	9	8	3	7	4	5	6
4	5	8	6	1	9	2	3	7
6	3	7	2	4	5	8	1	9

Sudoku Puzzle 119

4	3	6	5	1	8	7	9	2
5	9	7	2	4	6	1	3	8
8	1	2	9	7	3	5	6	4
9	4	8	1	3	7	2	5	6
6	2	3	4	8	5	9	7	1
7	5	1	6	2	9	4	8	3
2	6	9	3	5	4	8	1	7
1	7	5	8	6	2	3	4	9
3	8	4	7	9	1	6	2	5

Sudoku Puzzle 120

7	6	5	9	1	3	2	8	4
2	3	8	7	6	4	9	1	5
1	9	4	5	2	8	3	6	7
4	2	9	1	5	6	7	3	8
5	7	1	8	3	9	4	2	6
6	8	3	2	4	7	1	5	9
3	5	6	4	7	2	8	9	1
9	4	2	6	8	1	5	7	3
8	1	7	3	9	5	6	4	2

Sudoku Puzzle 121

4	2	6	5	9	3	8	7	1
3	9	7	8	6	1	4	2	5
5	1	8	7	2	4	3	6	9
8	7	3	2	5	6	9	1	4
6	4	2	9	1	8	7	5	3
1	5	9	3	4	7	2	8	6
9	6	1	4	7	2	5	3	8
7	8	5	1	3	9	6	4	2
2	3	4	6	8	5	1	9	7

Sudoku Puzzle 122

5	7	9	3	4	1	6	8	2
8	6	3	7	2	9	4	5	1
1	4	2	6	8	5	9	7	3
2	8	5	1	9	4	7	3	6
3	9	6	5	7	8	1	2	4
4	1	7	2	3	6	5	9	8
6	2	8	4	5	7	3	1	9
9	5	4	8	1	3	2	6	7
7	3	1	9	6	2	8	4	5

Sudoku Puzzle 123

9	8	7	4	1	3	6	5	2
5	1	2	8	9	6	3	7	4
6	3	4	5	2	7	8	9	1
8	9	6	7	4	5	1	2	3
2	7	5	1	3	8	9	4	6
1	4	3	2	6	9	5	8	7
3	5	8	6	7	4	2	1	9
4	2	9	3	8	1	7	6	5
7	6	1	9	5	2	4	3	8

Sudoku Puzzle 124

8	3	7	1	2	9	6	4	5
4	5	9	8	3	6	2	1	7
6	1	2	4	7	5	3	8	9
5	7	6	3	9	4	1	2	8
2	4	3	7	8	1	9	5	6
9	8	1	5	6	2	4	7	3
7	9	4	6	1	8	5	3	2
3	6	5	2	4	7	8	9	1
1	2	8	9	5	3	7	6	4

Sudoku Puzzle 125

6	9	4	2	7	8	5	1	3
8	5	1	6	4	3	2	7	9
3	7	2	9	5	1	8	6	4
1	2	8	7	9	6	3	4	5
5	4	3	1	8	2	7	9	6
7	6	9	4	3	5	1	8	2
4	8	7	5	2	9	6	3	1
9	1	5	3	6	7	4	2	8
2	3	6	8	1	4	9	5	7

Sudoku Puzzle 126

1	6	5	7	4	3	2	8	9
3	8	2	1	9	5	6	7	4
7	4	9	6	8	2	3	5	1
9	3	1	2	6	8	5	4	7
6	5	4	9	3	7	1	2	8
2	7	8	5	1	4	9	6	3
4	2	6	3	7	9	8	1	5
8	1	3	4	5	6	7	9	2
5	9	7	8	2	1	4	3	6

Sudoku Puzzle 127

2	5	3	4	8	1	6	9	7
9	4	8	5	7	6	2	1	3
6	7	1	2	3	9	8	4	5
7	3	6	9	2	4	1	5	8
4	2	9	1	5	8	3	7	6
8	1	5	3	6	7	4	2	9
1	8	4	7	9	3	5	6	2
3	9	2	6	1	5	7	8	4
5	6	7	8	4	2	9	3	1

Sudoku Puzzle 128

9	5	8	6	4	7	1	3	2
7	3	4	1	9	2	8	5	6
1	2	6	8	5	3	7	9	4
2	6	3	4	1	5	9	8	7
4	8	1	9	7	6	5	2	3
5	7	9	3	2	8	6	4	1
3	1	2	5	6	9	4	7	8
8	4	5	7	3	1	2	6	9
6	9	7	2	8	4	3	1	5

Sudoku Puzzle 129

4	6	7	2	9	5	8	1	3
5	1	2	8	7	3	4	9	6
3	8	9	4	6	1	2	5	7
9	4	6	3	2	8	5	7	1
1	2	3	5	4	7	9	6	8
8	7	5	6	1	9	3	2	4
2	3	1	9	8	6	7	4	5
6	5	4	7	3	2	1	8	9
7	9	8	1	5	4	6	3	2

Sudoku Puzzle 130

4	1	2	6	7	8	9	5	3
9	3	8	4	2	5	1	7	6
5	7	6	3	1	9	2	4	8
1	6	3	7	9	2	5	8	4
8	2	4	5	3	1	6	9	7
7	5	9	8	6	4	3	2	1
6	4	1	2	5	7	8	3	9
2	9	7	1	8	3	4	6	5
3	8	5	9	4	6	7	1	2

Sudoku Puzzle 131

3	6	1	9	8	7	4	2	5
4	8	5	2	1	3	6	7	9
7	2	9	5	6	4	3	1	8
1	3	2	7	9	6	5	8	4
9	4	8	3	2	5	7	6	1
5	7	6	1	4	8	2	9	3
2	9	7	4	5	1	8	3	6
6	1	4	8	3	2	9	5	7
8	5	3	6	7	9	1	4	2

Sudoku Puzzle 132

4	6	3	8	5	7	2	1	9
1	2	5	6	4	9	3	7	8
7	8	9	2	3	1	5	6	4
6	1	8	4	9	2	7	5	3
3	9	4	1	7	5	6	8	2
5	7	2	3	8	6	4	9	1
2	4	7	5	1	8	9	3	6
9	3	1	7	6	4	8	2	5
8	5	6	9	2	3	1	4	7

Sudoku Puzzle 133

4	8	3	5	9	2	1	6	7
2	9	5	1	7	6	8	3	4
6	1	7	3	8	4	9	2	5
5	4	9	6	2	7	3	1	8
3	2	6	8	4	1	7	5	9
1	7	8	9	5	3	2	4	6
8	6	4	2	3	9	5	7	1
7	5	2	4	1	8	6	9	3
9	3	1	7	6	5	4	8	2

Sudoku Puzzle 134

9	3	8	4	7	2	1	5	6
1	4	6	3	9	5	7	8	2
2	7	5	8	1	6	4	9	3
3	1	9	2	4	8	5	6	7
8	2	7	5	6	9	3	4	1
5	6	4	1	3	7	9	2	8
7	5	1	6	2	4	8	3	9
6	8	3	9	5	1	2	7	4
4	9	2	7	8	3	6	1	5

Sudoku Puzzle 135

8	7	1	6	9	5	4	3	2
2	4	5	3	7	1	8	9	6
3	9	6	2	4	8	7	5	1
7	5	3	1	6	4	9	2	8
9	6	2	5	8	7	3	1	4
1	8	4	9	2	3	6	7	5
5	1	9	4	3	6	2	8	7
6	3	7	8	5	2	1	4	9
4	2	8	7	1	9	5	6	3

Sudoku Puzzle 136

1	7	5	4	9	6	3	2	8
6	9	8	3	1	2	7	5	4
2	4	3	5	8	7	1	9	6
3	5	6	9	7	8	4	1	2
8	1	7	6	2	4	5	3	9
9	2	4	1	3	5	8	6	7
7	8	1	2	6	3	9	4	5
4	3	2	8	5	9	6	7	1
5	6	9	7	4	1	2	8	3

Sudoku Puzzle 137

2	8	5	3	9	7	4	1	6
7	3	9	1	6	4	5	8	2
4	1	6	8	2	5	3	9	7
9	4	1	5	8	2	7	6	3
6	5	7	4	3	1	8	2	9
8	2	3	9	7	6	1	5	4
1	9	8	6	4	3	2	7	5
3	6	2	7	5	8	9	4	1
5	7	4	2	1	9	6	3	8

Sudoku Puzzle 138

3	6	8	1	4	7	5	9	2
5	4	7	6	9	2	8	1	3
1	2	9	3	5	8	4	7	6
8	3	6	9	2	4	1	5	7
9	1	2	5	7	6	3	4	8
7	5	4	8	3	1	6	2	9
6	7	5	4	8	9	2	3	1
4	9	1	2	6	3	7	8	5
2	8	3	7	1	5	9	6	4

Sudoku Puzzle 139

1	9	3	2	5	7	4	6	8
6	8	7	3	4	9	5	1	2
5	4	2	6	1	8	3	7	9
9	2	6	7	3	4	8	5	1
3	1	5	9	8	6	2	4	7
8	7	4	1	2	5	9	3	6
2	3	8	4	6	1	7	9	5
7	5	1	8	9	3	6	2	4
4	6	9	5	7	2	1	8	3

Sudoku Puzzle 140

6	5	1	4	2	8	9	3	7
2	7	8	6	3	9	1	4	5
9	3	4	1	5	7	8	6	2
3	9	6	2	7	4	5	1	8
1	2	7	3	8	5	4	9	6
4	8	5	9	6	1	2	7	3
5	1	3	8	9	6	7	2	4
8	4	2	7	1	3	6	5	9
7	6	9	5	4	2	3	8	1

Sudoku Puzzle 141

7	9	8	2	5	4	6	1	3
5	3	2	9	6	1	4	8	7
1	4	6	8	7	3	9	2	5
6	5	7	1	8	2	3	4	9
9	2	4	5	3	7	1	6	8
3	8	1	4	9	6	7	5	2
4	6	9	7	2	5	8	3	1
2	7	3	6	1	8	5	9	4
8	1	5	3	4	9	2	7	6

Sudoku Puzzle 142

1	7	2	5	4	3	8	9	6
9	6	5	2	7	8	3	1	4
4	3	8	9	1	6	7	5	2
2	9	7	3	6	1	4	8	5
5	1	3	4	8	9	2	6	7
8	4	6	7	5	2	9	3	1
3	5	4	6	9	7	1	2	8
6	8	9	1	2	4	5	7	3
7	2	1	8	3	5	6	4	9

Sudoku Puzzle 143

5	6	8	7	2	3	4	9	1
9	2	4	6	1	5	8	7	3
3	7	1	8	4	9	2	5	6
2	5	3	9	6	1	7	8	4
4	9	7	2	3	8	1	6	5
8	1	6	5	7	4	9	3	2
1	3	9	4	5	7	6	2	8
7	4	2	3	8	6	5	1	9
6	8	5	1	9	2	3	4	7

Sudoku Puzzle 144

5	7	3	8	2	4	1	9	6
8	6	1	7	9	3	4	5	2
4	9	2	1	5	6	7	8	3
9	5	6	2	4	7	8	3	1
1	2	4	3	6	8	9	7	5
7	3	8	5	1	9	6	2	4
3	8	5	6	7	1	2	4	9
6	4	7	9	3	2	5	1	8
2	1	9	4	8	5	3	6	7

Sudoku Puzzle 145

1	2	3	9	7	6	4	5	8
8	9	5	3	4	2	1	7	6
6	7	4	1	8	5	2	3	9
9	4	8	6	5	7	3	2	1
5	3	2	4	1	9	6	8	7
7	1	6	2	3	8	5	9	4
2	8	9	5	6	1	7	4	3
3	5	1	7	9	4	8	6	2
4	6	7	8	2	3	9	1	5

Sudoku Puzzle 146

6	8	9	1	4	7	2	5	3
4	2	3	8	6	5	9	1	7
7	5	1	9	2	3	4	8	6
9	6	2	4	8	1	7	3	5
3	4	8	7	5	6	1	9	2
1	7	5	2	3	9	8	6	4
2	3	4	6	9	8	5	7	1
8	1	6	5	7	4	3	2	9
5	9	7	3	1	2	6	4	8

Sudoku Puzzle 147

6	3	9	2	7	4	5	8	1
4	2	7	5	1	8	3	6	9
1	8	5	9	3	6	2	7	4
7	6	2	8	5	9	1	4	3
9	5	4	1	6	3	8	2	7
8	1	3	4	2	7	6	9	5
2	7	6	3	9	1	4	5	8
5	4	1	7	8	2	9	3	6
3	9	8	6	4	5	7	1	2

Sudoku Puzzle 148

4	8	1	6	7	2	3	5	9
3	2	5	4	9	8	1	7	6
6	7	9	3	1	5	2	4	8
5	4	3	8	2	6	7	9	1
7	1	6	5	3	9	4	8	2
2	9	8	1	4	7	6	3	5
8	5	4	2	6	3	9	1	7
1	6	7	9	8	4	5	2	3
9	3	2	7	5	1	8	6	4

Sudoku Puzzle 149

9	1	8	7	6	3	5	4	2
6	3	5	4	8	2	9	1	7
7	2	4	5	9	1	8	3	6
2	7	1	9	4	6	3	5	8
4	6	9	8	3	5	2	7	1
5	8	3	2	1	7	6	9	4
1	4	6	3	5	8	7	2	9
8	5	2	1	7	9	4	6	3
3	9	7	6	2	4	1	8	5

Sudoku Puzzle 150

3	9	6	8	5	2	7	4	1
2	5	1	3	4	7	8	9	6
8	4	7	9	1	6	2	3	5
9	1	5	4	8	3	6	2	7
7	2	3	5	6	9	1	8	4
4	6	8	7	2	1	3	5	9
6	7	9	2	3	5	4	1	8
1	8	2	6	9	4	5	7	3
5	3	4	1	7	8	9	6	2

Sudoku Puzzle 151

8	5	3	9	6	2	7	1	4
7	6	1	5	3	4	9	8	2
4	9	2	7	8	1	3	5	6
1	3	5	6	2	7	8	4	9
6	7	4	8	5	9	2	3	1
9	2	8	1	4	3	5	6	7
5	4	9	3	7	6	1	2	8
3	1	6	2	9	8	4	7	5
2	8	7	4	1	5	6	9	3

Sudoku Puzzle 152

4	8	3	7	6	1	9	2	5
2	1	6	8	9	5	3	4	7
9	7	5	2	4	3	8	6	1
7	9	1	5	2	8	6	3	4
5	2	8	4	3	6	1	7	9
3	6	4	1	7	9	2	5	8
8	4	7	6	1	2	5	9	3
6	5	9	3	8	7	4	1	2
1	3	2	9	5	4	7	8	6

Sudoku Puzzle 153

6	8	9	2	3	1	7	5	4
2	1	4	9	7	5	3	6	8
3	5	7	6	8	4	1	2	9
7	3	1	5	9	8	6	4	2
4	6	8	3	2	7	9	1	5
5	9	2	1	4	6	8	3	7
1	7	5	8	6	2	4	9	3
9	4	6	7	5	3	2	8	1
8	2	3	4	1	9	5	7	6

Sudoku Puzzle 154

2	3	6	9	8	1	4	7	5
9	5	7	6	3	4	1	2	8
1	8	4	2	5	7	6	3	9
7	1	8	4	6	2	9	5	3
4	2	3	8	9	5	7	6	1
6	9	5	7	1	3	2	8	4
3	7	1	5	4	6	8	9	2
5	6	9	1	2	8	3	4	7
8	4	2	3	7	9	5	1	6

Sudoku Puzzle 155

3	9	8	7	5	2	6	4	1
7	5	6	3	1	4	2	8	9
2	4	1	8	9	6	7	5	3
9	8	4	1	7	3	5	6	2
1	6	3	5	2	8	4	9	7
5	7	2	4	6	9	3	1	8
4	1	9	6	3	7	8	2	5
8	2	7	9	4	5	1	3	6
6	3	5	2	8	1	9	7	4

Sudoku Puzzle 156

5	2	1	7	4	8	3	9	6
4	3	6	1	9	5	2	8	7
8	9	7	3	6	2	1	4	5
9	4	8	2	1	6	7	5	3
6	5	2	9	3	7	4	1	8
1	7	3	8	5	4	6	2	9
7	8	4	5	2	3	9	6	1
2	1	5	6	7	9	8	3	4
3	6	9	4	8	1	5	7	2

Sudoku Puzzle 157

6	1	4	7	2	9	5	3	8
3	5	2	1	8	4	6	7	9
7	8	9	3	5	6	1	2	4
5	6	1	4	9	3	2	8	7
2	9	8	6	7	5	4	1	3
4	3	7	2	1	8	9	6	5
8	4	3	5	6	2	7	9	1
1	2	5	9	3	7	8	4	6
9	7	6	8	4	1	3	5	2

Sudoku Puzzle 158

7	1	5	6	4	2	3	9	8
2	8	4	3	9	7	1	5	6
9	3	6	5	1	8	4	2	7
6	2	1	4	3	9	7	8	5
4	7	8	2	6	5	9	3	1
3	5	9	7	8	1	2	6	4
1	6	7	9	5	3	8	4	2
5	9	2	8	7	4	6	1	3
8	4	3	1	2	6	5	7	9

Sudoku Puzzle 159

2	4	9	1	5	6	8	7	3
7	6	8	4	2	3	1	5	9
5	1	3	8	7	9	2	4	6
4	2	1	3	9	7	5	6	8
8	9	6	2	1	5	4	3	7
3	7	5	6	8	4	9	1	2
1	8	7	5	3	2	6	9	4
9	5	4	7	6	8	3	2	1
6	3	2	9	4	1	7	8	5

Sudoku Puzzle 160

9	3	6	1	4	2	7	8	5
1	4	2	7	8	5	9	6	3
8	5	7	6	9	3	4	2	1
4	7	5	2	6	1	8	3	9
3	8	9	5	7	4	2	1	6
2	6	1	9	3	8	5	4	7
6	2	3	4	5	7	1	9	8
5	1	8	3	2	9	6	7	4
7	9	4	8	1	6	3	5	2

Sudoku Puzzle 161

5	8	4	1	3	2	6	7	9
6	3	2	5	9	7	8	1	4
9	7	1	8	4	6	3	2	5
7	6	8	4	5	1	2	9	3
4	2	3	7	6	9	1	5	8
1	5	9	2	8	3	4	6	7
3	4	7	6	1	5	9	8	2
2	9	6	3	7	8	5	4	1
8	1	5	9	2	4	7	3	6

Sudoku Puzzle 162

2	5	1	6	8	4	3	7	9
9	3	7	5	2	1	6	8	4
6	8	4	9	3	7	2	1	5
1	2	6	7	5	3	4	9	8
4	7	8	2	6	9	5	3	1
3	9	5	4	1	8	7	2	6
7	1	3	8	4	5	9	6	2
8	4	2	3	9	6	1	5	7
5	6	9	1	7	2	8	4	3

Sudoku Puzzle 163

7	5	4	8	1	9	3	2	6
3	8	2	6	7	4	1	9	5
6	1	9	5	2	3	4	8	7
2	3	6	9	8	7	5	1	4
9	4	5	2	3	1	7	6	8
8	7	1	4	5	6	9	3	2
1	6	7	3	4	2	8	5	9
4	2	8	1	9	5	6	7	3
5	9	3	7	6	8	2	4	1

Sudoku Puzzle 164

8	4	2	1	6	7	3	5	9
1	3	9	2	4	5	8	7	6
7	6	5	9	3	8	4	1	2
6	5	7	4	2	9	1	3	8
2	1	3	8	7	6	5	9	4
4	9	8	5	1	3	2	6	7
9	2	4	7	5	1	6	8	3
5	8	6	3	9	2	7	4	1
3	7	1	6	8	4	9	2	5

Sudoku Puzzle 165

1	5	7	3	2	8	9	6	4
3	2	8	6	9	4	5	7	1
4	6	9	7	5	1	3	2	8
7	3	6	4	8	5	1	9	2
9	8	1	2	7	6	4	5	3
2	4	5	9	1	3	7	8	6
8	7	3	5	4	2	6	1	9
6	9	2	1	3	7	8	4	5
5	1	4	8	6	9	2	3	7

Sudoku Puzzle 166

6	4	8	3	7	1	2	9	5
2	5	3	6	4	9	8	7	1
7	1	9	5	2	8	4	3	6
4	3	1	9	6	7	5	8	2
8	2	7	1	3	5	9	6	4
5	9	6	2	8	4	3	1	7
3	8	5	4	1	6	7	2	9
9	6	2	7	5	3	1	4	8
1	7	4	8	9	2	6	5	3

Sudoku Puzzle 167

9	5	2	3	1	6	7	8	4
3	6	1	7	8	4	2	5	9
7	4	8	2	9	5	3	6	1
8	7	3	6	2	1	4	9	5
2	1	6	5	4	9	8	3	7
5	9	4	8	7	3	1	2	6
4	2	7	9	6	8	5	1	3
6	8	5	1	3	7	9	4	2
1	3	9	4	5	2	6	7	8

Sudoku Puzzle 168

8	6	5	1	4	3	2	9	7
7	2	4	5	9	6	1	8	3
3	1	9	8	2	7	4	6	5
2	7	6	3	5	1	9	4	8
1	9	3	7	8	4	5	2	6
4	5	8	9	6	2	7	3	1
6	3	1	2	7	9	8	5	4
5	4	2	6	1	8	3	7	9
9	8	7	4	3	5	6	1	2

Sudoku Puzzle 169

6	5	8	1	4	7	2	9	3
3	4	1	5	2	9	7	8	6
9	7	2	8	6	3	1	4	5
4	6	3	9	7	2	8	5	1
5	2	7	6	1	8	9	3	4
8	1	9	4	3	5	6	7	2
2	9	4	3	8	6	5	1	7
7	3	5	2	9	1	4	6	8
1	8	6	7	5	4	3	2	9

Sudoku Puzzle 170

9	4	3	2	8	6	5	7	1
5	1	8	3	4	7	2	9	6
6	2	7	1	5	9	8	4	3
8	9	5	6	7	3	1	2	4
1	3	2	4	9	8	7	6	5
4	7	6	5	1	2	3	8	9
3	5	9	7	2	4	6	1	8
7	6	4	8	3	1	9	5	2
2	8	1	9	6	5	4	3	7

Sudoku Puzzle 171

6	3	9	5	4	8	1	7	2
7	5	2	1	6	9	8	3	4
8	4	1	2	7	3	5	6	9
9	6	3	4	2	1	7	8	5
2	8	5	6	3	7	9	4	1
1	7	4	8	9	5	3	2	6
3	2	8	9	5	6	4	1	7
5	1	6	7	8	4	2	9	3
4	9	7	3	1	2	6	5	8

Sudoku Puzzle 172

1	8	3	4	6	7	9	2	5
2	7	9	5	3	1	8	6	4
5	4	6	9	2	8	7	1	3
8	2	7	6	1	5	4	3	9
6	9	4	7	8	3	1	5	2
3	5	1	2	4	9	6	8	7
7	6	2	8	5	4	3	9	1
9	1	8	3	7	2	5	4	6
4	3	5	1	9	6	2	7	8

Sudoku Puzzle 173

1	2	8	4	7	6	5	9	3
6	9	3	5	2	8	1	7	4
4	5	7	3	9	1	2	8	6
3	1	4	9	8	5	7	6	2
9	8	5	7	6	2	3	4	1
2	7	6	1	4	3	8	5	9
7	3	9	2	5	4	6	1	8
8	4	2	6	1	7	9	3	5
5	6	1	8	3	9	4	2	7

Sudoku Puzzle 174

8	7	6	4	1	5	2	9	3
1	3	5	9	8	2	6	7	4
2	9	4	6	7	3	5	1	8
6	1	2	5	3	7	4	8	9
4	8	7	2	9	6	1	3	5
3	5	9	8	4	1	7	2	6
9	2	3	1	5	4	8	6	7
5	6	8	7	2	9	3	4	1
7	4	1	3	6	8	9	5	2

Sudoku Puzzle 175

9	7	2	3	1	6	8	5	4
4	6	5	7	8	9	1	3	2
8	1	3	5	2	4	7	9	6
3	2	6	1	9	7	4	8	5
1	5	4	6	3	8	9	2	7
7	8	9	2	4	5	3	6	1
5	9	7	4	6	3	2	1	8
6	3	1	8	7	2	5	4	9
2	4	8	9	5	1	6	7	3

Sudoku Puzzle 176

9	3	2	8	5	7	6	4	1
8	6	4	1	3	9	7	2	5
5	7	1	6	4	2	9	3	8
1	4	5	9	8	3	2	7	6
2	8	6	4	7	1	5	9	3
3	9	7	2	6	5	1	8	4
6	2	9	3	1	8	4	5	7
7	1	3	5	9	4	8	6	2
4	5	8	7	2	6	3	1	9

Sudoku Puzzle 177

4	5	3	1	7	8	9	2	6
8	1	7	6	9	2	4	3	5
9	2	6	3	5	4	8	7	1
5	7	4	8	6	9	3	1	2
1	6	8	2	3	7	5	4	9
2	3	9	5	4	1	6	8	7
3	9	2	4	1	5	7	6	8
6	8	5	7	2	3	1	9	4
7	4	1	9	8	6	2	5	3

Sudoku Puzzle 178

2	1	8	6	9	3	4	5	7
3	4	5	1	8	7	6	2	9
7	9	6	5	4	2	8	3	1
8	3	2	4	7	9	5	1	6
4	7	1	2	5	6	3	9	8
5	6	9	3	1	8	7	4	2
9	2	3	7	6	5	1	8	4
1	8	7	9	3	4	2	6	5
6	5	4	8	2	1	9	7	3

Sudoku Puzzle 179

7	6	3	1	8	9	2	4	5
9	1	4	3	2	5	6	8	7
5	8	2	7	6	4	9	3	1
6	5	1	2	9	3	8	7	4
8	3	9	4	5	7	1	6	2
2	4	7	6	1	8	3	5	9
1	2	8	5	7	6	4	9	3
3	7	6	9	4	1	5	2	8
4	9	5	8	3	2	7	1	6

Sudoku Puzzle 180

4	5	3	7	2	6	8	9	1
6	1	7	9	8	4	2	3	5
8	2	9	1	3	5	7	6	4
5	8	4	6	7	2	9	1	3
9	6	1	8	5	3	4	2	7
3	7	2	4	1	9	5	8	6
7	4	6	2	9	1	3	5	8
1	9	5	3	4	8	6	7	2
2	3	8	5	6	7	1	4	9

Sudoku Puzzle 181

1	9	2	4	3	7	8	5	6
6	7	8	9	1	5	3	4	2
5	4	3	8	2	6	7	1	9
7	1	9	3	8	4	2	6	5
8	3	6	5	9	2	1	7	4
2	5	4	6	7	1	9	8	3
3	2	5	1	6	8	4	9	7
4	8	7	2	5	9	6	3	1
9	6	1	7	4	3	5	2	8

Sudoku Puzzle 182

7	8	3	5	2	4	9	6	1
5	9	1	8	6	3	4	7	2
6	2	4	1	7	9	5	8	3
9	3	7	6	4	1	2	5	8
4	6	2	9	5	8	3	1	7
1	5	8	2	3	7	6	4	9
8	7	6	4	9	2	1	3	5
2	1	5	3	8	6	7	9	4
3	4	9	7	1	5	8	2	6

Sudoku Puzzle 183

4	1	8	6	7	9	3	5	2
2	6	9	1	3	5	8	7	4
5	3	7	2	8	4	6	1	9
6	4	3	8	2	1	7	9	5
1	9	5	3	4	7	2	6	8
7	8	2	5	9	6	1	4	3
3	5	4	7	1	2	9	8	6
9	2	1	4	6	8	5	3	7
8	7	6	9	5	3	4	2	1

Sudoku Puzzle 184

8	2	1	5	7	3	4	9	6
5	9	4	2	6	1	3	7	8
6	3	7	8	4	9	2	5	1
9	6	5	3	8	4	1	2	7
4	7	8	9	1	2	5	6	3
3	1	2	7	5	6	9	8	4
2	5	6	4	3	7	8	1	9
1	8	3	6	9	5	7	4	2
7	4	9	1	2	8	6	3	5

Sudoku Puzzle 185

4	2	3	9	8	7	5	6	1
6	1	8	2	3	5	4	9	7
9	7	5	1	4	6	8	3	2
3	5	9	7	2	4	6	1	8
1	6	4	8	9	3	7	2	5
7	8	2	5	6	1	3	4	9
2	4	7	3	1	8	9	5	6
5	3	1	6	7	9	2	8	4
8	9	6	4	5	2	1	7	3

Sudoku Puzzle 186

5	3	4	8	7	1	2	9	6
2	7	1	4	9	6	3	8	5
8	6	9	3	5	2	4	1	7
4	2	7	1	3	9	6	5	8
9	8	5	6	4	7	1	2	3
3	1	6	5	2	8	9	7	4
7	5	2	9	6	3	8	4	1
1	9	3	7	8	4	5	6	2
6	4	8	2	1	5	7	3	9

Sudoku Puzzle 187

3	6	4	1	9	2	7	5	8
1	9	2	5	7	8	6	3	4
8	5	7	6	4	3	2	9	1
9	3	5	2	6	1	4	8	7
7	4	1	8	5	9	3	2	6
6	2	8	7	3	4	9	1	5
5	8	9	4	2	7	1	6	3
2	7	6	3	1	5	8	4	9
4	1	3	9	8	6	5	7	2

Sudoku Puzzle 188

9	5	1	6	8	3	4	7	2
8	2	6	7	9	4	1	3	5
3	7	4	5	1	2	9	6	8
1	9	7	2	6	8	3	5	4
5	6	2	4	3	1	7	8	9
4	3	8	9	7	5	2	1	6
2	4	3	8	5	7	6	9	1
7	8	9	1	2	6	5	4	3
6	1	5	3	4	9	8	2	7

Sudoku Puzzle 189

6	3	4	5	9	2	8	1	7
8	2	9	6	7	1	3	5	4
1	7	5	4	8	3	2	9	6
7	6	1	3	2	8	9	4	5
9	5	8	1	4	6	7	2	3
2	4	3	9	5	7	1	6	8
4	1	2	7	3	5	6	8	9
3	9	6	8	1	4	5	7	2
5	8	7	2	6	9	4	3	1

Sudoku Puzzle 190

6	9	8	4	1	2	7	3	5
3	4	5	9	6	7	1	2	8
7	2	1	5	3	8	4	6	9
4	3	9	6	5	1	8	7	2
5	6	2	7	8	3	9	4	1
1	8	7	2	9	4	3	5	6
2	1	4	8	7	6	5	9	3
8	5	6	3	4	9	2	1	7
9	7	3	1	2	5	6	8	4

Sudoku Puzzle 191

5	9	2	7	8	3	6	4	1
3	8	1	6	4	2	9	7	5
6	7	4	5	9	1	8	3	2
1	2	8	9	6	7	4	5	3
9	4	6	3	1	5	7	2	8
7	3	5	4	2	8	1	9	6
2	6	9	1	5	4	3	8	7
8	1	7	2	3	9	5	6	4
4	5	3	8	7	6	2	1	9

Sudoku Puzzle 192

5	9	1	3	7	2	4	8	6
8	7	6	5	1	4	3	2	9
2	4	3	6	8	9	7	1	5
9	6	4	7	2	8	1	5	3
1	2	5	4	6	3	8	9	7
7	3	8	9	5	1	2	6	4
4	1	9	8	3	5	6	7	2
3	8	7	2	9	6	5	4	1
6	5	2	1	4	7	9	3	8

Sudoku Puzzle 193

1	2	7	9	6	3	5	4	8
5	6	8	2	1	4	7	9	3
3	4	9	7	5	8	1	2	6
9	5	6	1	8	7	2	3	4
8	7	4	3	9	2	6	1	5
2	3	1	6	4	5	9	8	7
6	1	5	8	3	9	4	7	2
7	9	3	4	2	6	8	5	1
4	8	2	5	7	1	3	6	9

Sudoku Puzzle 194

6	3	5	8	1	9	2	4	7
4	2	7	3	5	6	8	1	9
9	1	8	4	2	7	3	5	6
7	5	1	9	4	2	6	8	3
8	9	6	5	3	1	4	7	2
2	4	3	6	7	8	1	9	5
3	7	4	2	8	5	9	6	1
5	6	2	1	9	4	7	3	8
1	8	9	7	6	3	5	2	4

Sudoku Puzzle 195

3	2	5	4	8	7	1	6	9
9	7	1	6	2	5	4	3	8
6	8	4	3	9	1	7	2	5
7	6	2	5	4	3	8	9	1
1	3	9	7	6	8	5	4	2
5	4	8	2	1	9	6	7	3
8	5	7	9	3	4	2	1	6
2	1	3	8	7	6	9	5	4
4	9	6	1	5	2	3	8	7

Sudoku Puzzle 196

5	2	9	7	1	4	3	8	6
7	1	8	5	6	3	2	9	4
6	3	4	8	2	9	5	1	7
4	5	1	3	8	2	7	6	9
3	7	2	1	9	6	4	5	8
9	8	6	4	5	7	1	3	2
8	6	7	2	3	1	9	4	5
1	4	5	9	7	8	6	2	3
2	9	3	6	4	5	8	7	1

Sudoku Puzzle 197

7	9	8	3	2	4	6	1	5
5	2	4	8	1	6	9	3	7
3	6	1	5	9	7	4	8	2
1	3	7	6	8	2	5	4	9
4	5	2	7	3	9	8	6	1
6	8	9	4	5	1	7	2	3
8	1	6	9	7	3	2	5	4
9	4	3	2	6	5	1	7	8
2	7	5	1	4	8	3	9	6

Sudoku Puzzle 198

6	2	3	8	9	4	1	7	5
4	9	1	7	6	5	8	3	2
5	7	8	1	2	3	9	6	4
1	5	2	9	7	6	4	8	3
7	6	4	2	3	8	5	1	9
3	8	9	4	5	1	7	2	6
9	3	5	6	1	7	2	4	8
8	1	6	5	4	2	3	9	7
2	4	7	3	8	9	6	5	1

Sudoku Puzzle 199

1	5	9	2	4	6	8	7	3
4	6	3	8	5	7	9	2	1
7	8	2	3	9	1	4	6	5
6	7	1	5	3	8	2	4	9
5	3	4	9	7	2	6	1	8
2	9	8	1	6	4	3	5	7
9	1	6	7	2	3	5	8	4
3	2	7	4	8	5	1	9	6
8	4	5	6	1	9	7	3	2

Sudoku Puzzle 200

7	6	2	5	8	9	3	1	4
8	5	9	4	1	3	2	7	6
4	3	1	7	6	2	9	8	5
5	8	7	6	2	4	1	3	9
1	9	6	3	7	8	4	5	2
3	2	4	1	9	5	7	6	8
6	1	8	9	4	7	5	2	3
9	7	5	2	3	6	8	4	1
2	4	3	8	5	1	6	9	7

Sudoku Puzzle 201

3	4	6	2	9	5	8	1	7
7	1	5	8	6	3	2	4	9
2	8	9	1	4	7	3	5	6
6	2	3	4	5	8	9	7	1
8	9	1	7	3	6	4	2	5
5	7	4	9	1	2	6	3	8
4	6	8	5	2	1	7	9	3
1	3	2	6	7	9	5	8	4
9	5	7	3	8	4	1	6	2

Sudoku Puzzle 202

3	8	2	7	1	5	9	6	4
9	6	1	3	4	2	8	7	5
5	7	4	9	8	6	1	3	2
1	9	7	6	5	3	2	4	8
4	5	3	8	2	1	7	9	6
6	2	8	4	9	7	5	1	3
8	3	9	2	7	4	6	5	1
7	1	6	5	3	8	4	2	9
2	4	5	1	6	9	3	8	7

Sudoku Puzzle 203

8	7	6	2	5	1	4	9	3
2	4	5	6	3	9	1	8	7
1	9	3	8	4	7	5	6	2
5	8	4	7	2	6	3	1	9
7	6	1	4	9	3	8	2	5
9	3	2	1	8	5	6	7	4
3	5	7	9	6	8	2	4	1
4	1	8	5	7	2	9	3	6
6	2	9	3	1	4	7	5	8

Sudoku Puzzle 204

7	3	5	6	9	8	2	1	4
4	1	9	7	5	2	8	3	6
2	6	8	1	4	3	7	9	5
9	7	4	5	6	1	3	8	2
8	2	1	9	3	4	6	5	7
3	5	6	2	8	7	9	4	1
1	4	2	8	7	9	5	6	3
6	8	7	3	1	5	4	2	9
5	9	3	4	2	6	1	7	8

Sudoku Puzzle 205

1	2	4	9	7	3	5	6	8
3	7	9	6	8	5	4	2	1
5	8	6	4	1	2	7	9	3
7	6	2	3	9	8	1	5	4
8	3	5	2	4	1	6	7	9
4	9	1	7	5	6	3	8	2
2	1	8	5	6	4	9	3	7
9	5	3	1	2	7	8	4	6
6	4	7	8	3	9	2	1	5

Sudoku Puzzle 206

6	2	7	5	1	8	3	9	4
3	9	5	7	2	4	1	6	8
1	8	4	9	6	3	5	2	7
8	3	1	2	9	7	4	5	6
9	4	2	8	5	6	7	3	1
7	5	6	3	4	1	2	8	9
5	6	3	4	7	9	8	1	2
4	1	8	6	3	2	9	7	5
2	7	9	1	8	5	6	4	3

Sudoku Puzzle 207

4	2	7	5	6	3	8	9	1
1	5	9	4	2	8	3	7	6
8	6	3	9	1	7	2	4	5
5	3	6	1	8	4	7	2	9
2	8	1	3	7	9	6	5	4
9	7	4	6	5	2	1	8	3
7	1	5	2	4	6	9	3	8
6	9	8	7	3	5	4	1	2
3	4	2	8	9	1	5	6	7

Sudoku Puzzle 208

1	3	7	4	2	8	5	9	6
6	8	5	3	1	9	4	7	2
4	9	2	7	6	5	1	3	8
9	7	3	6	5	2	8	1	4
8	4	6	9	7	1	3	2	5
5	2	1	8	4	3	9	6	7
2	5	9	1	8	7	6	4	3
7	1	4	5	3	6	2	8	9
3	6	8	2	9	4	7	5	1

Sudoku Puzzle 209

8	9	2	4	5	7	3	1	6
7	1	5	6	9	3	4	2	8
3	6	4	2	1	8	7	9	5
6	5	7	8	3	9	2	4	1
9	2	1	7	4	6	5	8	3
4	8	3	5	2	1	9	6	7
1	3	6	9	7	4	8	5	2
2	7	9	1	8	5	6	3	4
5	4	8	3	6	2	1	7	9

Sudoku Puzzle 210

1	5	4	3	6	2	9	8	7
9	6	8	5	7	1	3	2	4
7	2	3	9	8	4	1	6	5
5	4	6	1	9	7	8	3	2
3	1	9	4	2	8	7	5	6
2	8	7	6	3	5	4	9	1
8	9	2	7	1	6	5	4	3
6	7	5	8	4	3	2	1	9
4	3	1	2	5	9	6	7	8

Sudoku Puzzle 211

5	8	7	2	3	1	6	4	9
6	2	9	4	8	5	3	1	7
1	3	4	7	9	6	5	8	2
7	6	5	1	4	2	9	3	8
8	4	3	9	5	7	2	6	1
2	9	1	8	6	3	4	7	5
9	1	8	3	2	4	7	5	6
3	5	2	6	7	8	1	9	4
4	7	6	5	1	9	8	2	3

Sudoku Puzzle 212

9	2	5	3	7	1	8	4	6
8	3	6	4	5	9	1	7	2
7	4	1	8	6	2	3	9	5
4	9	8	1	2	6	7	5	3
1	6	7	5	4	3	9	2	8
3	5	2	9	8	7	4	6	1
5	8	9	2	1	4	6	3	7
2	7	4	6	3	8	5	1	9
6	1	3	7	9	5	2	8	4

Sudoku Puzzle 213

1	6	3	8	2	7	9	5	4
2	8	4	6	9	5	1	7	3
9	7	5	1	4	3	8	2	6
3	4	8	2	1	6	7	9	5
6	9	2	7	5	8	4	3	1
5	1	7	9	3	4	2	6	8
8	2	9	3	6	1	5	4	7
7	5	6	4	8	2	3	1	9
4	3	1	5	7	9	6	8	2

Sudoku Puzzle 214

8	9	6	3	5	7	2	4	1
2	4	3	6	8	1	5	9	7
5	1	7	2	4	9	3	6	8
4	7	8	1	6	3	9	2	5
1	6	5	4	9	2	7	8	3
3	2	9	8	7	5	4	1	6
6	8	2	7	3	4	1	5	9
9	3	4	5	1	8	6	7	2
7	5	1	9	2	6	8	3	4

Sudoku Puzzle 215

5	3	4	6	8	1	9	2	7
7	2	8	3	5	9	6	1	4
6	1	9	7	2	4	3	5	8
9	8	5	4	6	2	1	7	3
4	6	2	1	3	7	8	9	5
1	7	3	5	9	8	2	4	6
3	5	7	2	1	6	4	8	9
2	9	6	8	4	5	7	3	1
8	4	1	9	7	3	5	6	2

Sudoku Puzzle 216

1	2	4	8	9	6	5	3	7
8	5	9	2	3	7	4	6	1
6	3	7	5	4	1	8	2	9
5	7	2	9	8	4	6	1	3
4	1	6	3	7	5	2	9	8
9	8	3	6	1	2	7	4	5
7	4	8	1	2	9	3	5	6
3	6	1	4	5	8	9	7	2
2	9	5	7	6	3	1	8	4

Sudoku Puzzle 217

3	7	4	8	2	5	9	6	1
2	6	8	7	1	9	5	3	4
5	1	9	4	6	3	7	8	2
4	9	2	5	3	8	6	1	7
8	3	1	2	7	6	4	9	5
6	5	7	1	9	4	8	2	3
1	8	5	6	4	2	3	7	9
7	4	3	9	8	1	2	5	6
9	2	6	3	5	7	1	4	8

Sudoku Puzzle 218

1	6	8	2	4	7	5	9	3
9	5	2	1	3	8	7	6	4
4	7	3	9	6	5	2	1	8
8	4	1	7	2	3	6	5	9
6	9	5	8	1	4	3	2	7
2	3	7	5	9	6	4	8	1
3	1	9	6	7	2	8	4	5
7	8	6	4	5	1	9	3	2
5	2	4	3	8	9	1	7	6

Sudoku Puzzle 219

8	2	6	1	7	3	4	5	9
7	3	4	5	9	6	1	2	8
5	9	1	2	4	8	6	7	3
2	8	7	3	6	9	5	4	1
4	5	9	7	1	2	3	8	6
6	1	3	8	5	4	7	9	2
1	4	8	9	3	7	2	6	5
9	7	5	6	2	1	8	3	4
3	6	2	4	8	5	9	1	7

Sudoku Puzzle 220

1	6	7	3	8	5	4	2	9
9	8	4	1	2	7	5	6	3
5	3	2	9	4	6	1	7	8
3	5	1	6	7	8	9	4	2
2	7	6	4	3	9	8	5	1
8	4	9	2	5	1	7	3	6
4	1	3	7	9	2	6	8	5
6	2	5	8	1	4	3	9	7
7	9	8	5	6	3	2	1	4

Sudoku Puzzle 221

7	8	3	9	5	4	6	1	2
6	2	4	3	7	1	5	8	9
9	5	1	6	2	8	7	4	3
3	4	8	2	1	7	9	5	6
2	1	6	8	9	5	3	7	4
5	9	7	4	3	6	1	2	8
1	6	9	7	4	2	8	3	5
8	7	2	5	6	3	4	9	1
4	3	5	1	8	9	2	6	7

Sudoku Puzzle 222

9	3	2	8	4	6	1	5	7
7	4	5	3	1	9	8	2	6
8	1	6	5	7	2	4	9	3
4	9	1	7	5	8	3	6	2
6	2	3	4	9	1	5	7	8
5	8	7	2	6	3	9	4	1
1	6	4	9	8	7	2	3	5
2	7	9	1	3	5	6	8	4
3	5	8	6	2	4	7	1	9

Sudoku Puzzle 223

7	6	1	3	8	5	2	4	9
8	3	4	9	6	2	1	5	7
2	9	5	1	4	7	6	8	3
6	7	2	8	9	4	3	1	5
1	8	9	7	5	3	4	6	2
4	5	3	2	1	6	9	7	8
9	1	6	5	3	8	7	2	4
5	4	7	6	2	9	8	3	1
3	2	8	4	7	1	5	9	6

Sudoku Puzzle 224

3	1	9	5	7	2	8	6	4
8	6	5	3	4	1	7	2	9
4	2	7	8	6	9	3	5	1
1	5	4	7	8	6	2	9	3
7	8	3	9	2	5	1	4	6
6	9	2	4	1	3	5	7	8
5	3	6	1	9	7	4	8	2
2	7	8	6	3	4	9	1	5
9	4	1	2	5	8	6	3	7

Sudoku Puzzle 225

4	6	3	8	7	5	2	1	9
1	2	7	6	9	3	8	5	4
8	9	5	1	2	4	3	7	6
9	8	6	5	4	2	1	3	7
3	4	1	9	8	7	6	2	5
5	7	2	3	6	1	9	4	8
6	3	4	2	5	9	7	8	1
7	1	9	4	3	8	5	6	2
2	5	8	7	1	6	4	9	3

Sudoku Puzzle 226

6	9	1	7	5	4	8	2	3
2	4	3	9	8	6	7	1	5
5	7	8	3	1	2	6	4	9
1	8	9	5	6	3	4	7	2
3	5	2	8	4	7	1	9	6
7	6	4	2	9	1	3	5	8
4	1	5	6	3	9	2	8	7
8	3	7	4	2	5	9	6	1
9	2	6	1	7	8	5	3	4

Sudoku Puzzle 227

2	7	3	6	5	8	9	1	4
6	9	8	4	1	3	2	5	7
1	5	4	2	9	7	6	3	8
3	8	2	7	6	9	1	4	5
4	1	9	3	8	5	7	6	2
5	6	7	1	2	4	8	9	3
7	2	5	9	3	1	4	8	6
8	4	1	5	7	6	3	2	9
9	3	6	8	4	2	5	7	1

Sudoku Puzzle 228

5	1	2	7	8	9	6	4	3
6	9	8	4	3	1	2	5	7
4	7	3	5	6	2	9	8	1
2	8	9	3	4	5	7	1	6
3	6	1	9	7	8	5	2	4
7	4	5	1	2	6	8	3	9
8	5	7	6	1	4	3	9	2
1	2	6	8	9	3	4	7	5
9	3	4	2	5	7	1	6	8

Sudoku Puzzle 229

2	6	4	1	3	8	7	9	5
9	1	3	4	7	5	6	8	2
5	8	7	2	6	9	3	4	1
4	5	1	8	9	3	2	6	7
7	3	2	5	4	6	8	1	9
6	9	8	7	1	2	5	3	4
8	2	9	3	5	1	4	7	6
3	4	6	9	2	7	1	5	8
1	7	5	6	8	4	9	2	3

Sudoku Puzzle 230

9	7	8	5	6	4	2	3	1
2	4	5	8	1	3	9	7	6
6	3	1	7	2	9	4	8	5
1	5	7	3	8	2	6	4	9
4	6	9	1	5	7	8	2	3
3	8	2	4	9	6	1	5	7
7	2	3	9	4	1	5	6	8
5	9	4	6	7	8	3	1	2
8	1	6	2	3	5	7	9	4

Sudoku Puzzle 231

5	4	1	8	7	6	3	2	9
3	2	9	5	4	1	6	7	8
7	8	6	2	3	9	1	5	4
2	7	4	6	8	5	9	1	3
8	6	5	9	1	3	2	4	7
9	1	3	4	2	7	8	6	5
1	9	7	3	6	4	5	8	2
6	3	8	7	5	2	4	9	1
4	5	2	1	9	8	7	3	6

Sudoku Puzzle 232

6	9	7	8	4	1	2	3	5
8	5	1	2	7	3	9	6	4
3	4	2	6	5	9	1	7	8
7	3	8	5	9	6	4	2	1
1	6	5	4	2	8	3	9	7
9	2	4	3	1	7	8	5	6
5	1	6	9	8	2	7	4	3
2	8	3	7	6	4	5	1	9
4	7	9	1	3	5	6	8	2

Sudoku Puzzle 233

2	5	3	8	7	1	9	6	4
4	6	7	9	5	2	1	8	3
1	9	8	4	6	3	5	7	2
5	3	2	1	4	8	7	9	6
8	7	9	3	2	6	4	1	5
6	1	4	7	9	5	3	2	8
3	8	6	5	1	9	2	4	7
9	4	5	2	8	7	6	3	1
7	2	1	6	3	4	8	5	9

Sudoku Puzzle 234

6	7	3	2	4	8	1	9	5
5	1	8	9	3	6	4	2	7
4	9	2	1	7	5	6	8	3
7	2	6	3	1	4	8	5	9
3	4	1	8	5	9	7	6	2
8	5	9	6	2	7	3	1	4
1	8	4	7	9	2	5	3	6
9	3	7	5	6	1	2	4	8
2	6	5	4	8	3	9	7	1

Sudoku Puzzle 235

3	1	6	9	7	8	5	2	4
2	8	5	4	3	1	7	9	6
9	4	7	2	5	6	3	8	1
1	6	3	5	8	2	4	7	9
8	2	4	6	9	7	1	5	3
5	7	9	1	4	3	8	6	2
6	3	8	7	1	9	2	4	5
4	9	1	8	2	5	6	3	7
7	5	2	3	6	4	9	1	8

Sudoku Puzzle 236

1	2	6	9	4	8	5	7	3
8	7	4	5	3	1	6	2	9
5	9	3	2	7	6	8	1	4
9	6	8	4	2	3	1	5	7
2	5	7	6	1	9	4	3	8
4	3	1	7	8	5	9	6	2
3	8	5	1	9	2	7	4	6
7	1	9	3	6	4	2	8	5
6	4	2	8	5	7	3	9	1

Sudoku Puzzle 237

8	6	1	5	3	4	9	2	7
3	7	4	1	2	9	5	8	6
5	9	2	7	8	6	3	4	1
4	1	8	3	7	5	2	6	9
9	2	5	4	6	8	1	7	3
7	3	6	9	1	2	4	5	8
2	8	3	6	4	1	7	9	5
1	4	9	8	5	7	6	3	2
6	5	7	2	9	3	8	1	4

Sudoku Puzzle 238

3	9	1	5	8	7	6	4	2
8	7	6	3	4	2	5	1	9
5	2	4	1	9	6	7	3	8
1	6	2	8	3	9	4	7	5
4	3	5	2	7	1	9	8	6
9	8	7	4	6	5	3	2	1
7	4	9	6	1	8	2	5	3
6	5	8	7	2	3	1	9	4
2	1	3	9	5	4	8	6	7

Sudoku Puzzle 239

1	3	7	2	8	6	5	4	9
5	9	2	3	1	4	6	7	8
4	8	6	5	9	7	3	1	2
8	7	4	1	6	3	9	2	5
6	5	1	7	2	9	8	3	4
9	2	3	4	5	8	7	6	1
3	4	8	9	7	2	1	5	6
7	1	9	6	4	5	2	8	3
2	6	5	8	3	1	4	9	7

Sudoku Puzzle 240

2	7	3	8	5	6	1	9	4
8	1	5	9	2	4	7	3	6
9	4	6	7	1	3	5	2	8
1	2	7	6	3	9	8	4	5
6	5	4	1	8	2	3	7	9
3	9	8	5	4	7	2	6	1
7	8	2	4	9	1	6	5	3
4	3	1	2	6	5	9	8	7
5	6	9	3	7	8	4	1	2

Sudoku Puzzle 241

7	3	2	8	9	1	4	6	5
6	9	8	7	5	4	3	1	2
5	4	1	6	3	2	9	7	8
9	2	7	4	1	8	5	3	6
3	6	4	5	7	9	8	2	1
8	1	5	2	6	3	7	4	9
4	5	6	1	8	7	2	9	3
1	7	9	3	2	5	6	8	4
2	8	3	9	4	6	1	5	7

Sudoku Puzzle 242

3	7	1	6	9	2	8	4	5
9	8	4	3	5	7	6	2	1
2	6	5	8	1	4	3	9	7
5	2	6	9	8	3	1	7	4
7	4	8	1	2	5	9	3	6
1	9	3	4	7	6	2	5	8
8	3	7	5	6	9	4	1	2
6	5	9	2	4	1	7	8	3
4	1	2	7	3	8	5	6	9

Sudoku Puzzle 243

7	1	2	4	8	9	3	6	5
6	9	8	1	3	5	2	7	4
5	4	3	7	2	6	8	9	1
4	3	9	8	5	2	7	1	6
2	6	7	9	4	1	5	3	8
1	8	5	3	6	7	4	2	9
3	2	1	5	9	8	6	4	7
8	7	6	2	1	4	9	5	3
9	5	4	6	7	3	1	8	2

Sudoku Puzzle 244

1	3	7	5	4	9	2	6	8
4	9	5	2	8	6	3	7	1
2	6	8	3	7	1	5	9	4
7	1	6	4	3	5	9	8	2
3	4	9	1	2	8	7	5	6
8	5	2	6	9	7	4	1	3
9	7	4	8	6	3	1	2	5
6	2	1	9	5	4	8	3	7
5	8	3	7	1	2	6	4	9

Sudoku Puzzle 245

2	3	9	8	5	4	1	6	7
6	1	7	9	2	3	4	5	8
8	4	5	1	6	7	9	2	3
7	5	1	2	8	6	3	9	4
4	8	2	7	3	9	5	1	6
3	9	6	4	1	5	8	7	2
1	2	3	6	9	8	7	4	5
9	7	8	5	4	2	6	3	1
5	6	4	3	7	1	2	8	9

Sudoku Puzzle 246

7	3	4	1	5	6	2	8	9
9	1	5	4	8	2	3	6	7
2	6	8	3	9	7	5	4	1
1	7	6	2	3	5	4	9	8
4	5	2	9	6	8	7	1	3
3	8	9	7	4	1	6	5	2
8	9	7	6	2	4	1	3	5
6	2	3	5	1	9	8	7	4
5	4	1	8	7	3	9	2	6

Sudoku Puzzle 247

6	4	7	1	5	8	3	9	2
5	3	8	2	7	9	4	1	6
2	9	1	4	3	6	7	5	8
7	1	3	5	2	4	6	8	9
4	6	9	3	8	1	5	2	7
8	2	5	9	6	7	1	4	3
3	7	2	8	1	5	9	6	4
1	8	4	6	9	3	2	7	5
9	5	6	7	4	2	8	3	1

Sudoku Puzzle 248

1	2	3	9	5	7	8	6	4
6	7	4	3	8	1	9	2	5
8	5	9	2	4	6	7	3	1
5	9	1	8	7	2	6	4	3
3	8	7	5	6	4	2	1	9
4	6	2	1	3	9	5	7	8
9	3	6	4	2	5	1	8	7
2	4	5	7	1	8	3	9	6
7	1	8	6	9	3	4	5	2

Sudoku Puzzle 249

7	9	4	5	1	6	2	3	8
3	2	5	7	8	9	1	6	4
1	8	6	2	3	4	9	5	7
8	1	7	3	4	5	6	9	2
9	4	3	1	6	2	8	7	5
6	5	2	8	9	7	3	4	1
4	6	8	9	7	1	5	2	3
5	7	1	6	2	3	4	8	9
2	3	9	4	5	8	7	1	6

Sudoku Puzzle 250

7	1	9	6	8	3	4	5	2
5	4	6	2	9	7	3	1	8
3	2	8	1	4	5	6	9	7
8	6	7	5	3	2	1	4	9
9	3	1	7	6	4	2	8	5
4	5	2	9	1	8	7	6	3
1	8	3	4	7	9	5	2	6
2	7	4	8	5	6	9	3	1
6	9	5	3	2	1	8	7	4

Sudoku Puzzle 251

9	6	7	8	3	2	4	1	5
4	3	8	5	6	1	9	7	2
1	5	2	7	9	4	3	8	6
3	1	5	9	8	7	2	6	4
6	8	4	3	2	5	7	9	1
2	7	9	1	4	6	8	5	3
7	4	1	2	5	8	6	3	9
8	9	6	4	1	3	5	2	7
5	2	3	6	7	9	1	4	8

Sudoku Puzzle 252

3	8	6	5	2	1	9	4	7
5	7	1	6	9	4	8	2	3
2	4	9	7	8	3	5	6	1
4	6	8	3	5	9	7	1	2
1	9	2	8	6	7	3	5	4
7	3	5	1	4	2	6	9	8
8	2	4	9	3	6	1	7	5
6	5	7	4	1	8	2	3	9
9	1	3	2	7	5	4	8	6

Sudoku Puzzle 253

3	5	1	6	2	9	7	8	4
8	4	7	3	5	1	6	2	9
9	2	6	4	7	8	5	3	1
5	8	2	7	6	4	9	1	3
1	9	3	2	8	5	4	7	6
6	7	4	1	9	3	8	5	2
7	6	8	9	3	2	1	4	5
2	1	5	8	4	6	3	9	7
4	3	9	5	1	7	2	6	8

Sudoku Puzzle 254

9	5	7	8	4	1	6	3	2
3	1	4	5	2	6	8	9	7
8	2	6	9	7	3	5	1	4
7	8	9	2	1	4	3	5	6
1	6	5	7	3	8	4	2	9
2	4	3	6	5	9	1	7	8
4	9	2	3	8	5	7	6	1
6	3	1	4	9	7	2	8	5
5	7	8	1	6	2	9	4	3

Sudoku Puzzle 255

2	1	5	6	3	9	7	8	4
4	7	9	2	1	8	5	3	6
8	3	6	7	5	4	9	2	1
1	8	4	3	2	5	6	9	7
3	9	2	4	7	6	8	1	5
6	5	7	9	8	1	2	4	3
7	2	8	5	4	3	1	6	9
9	4	1	8	6	7	3	5	2
5	6	3	1	9	2	4	7	8

Sudoku Puzzle 256

3	9	5	8	6	4	2	7	1
2	6	8	9	1	7	4	5	3
4	7	1	2	3	5	6	9	8
5	4	7	3	8	2	9	1	6
6	1	2	5	7	9	8	3	4
8	3	9	6	4	1	5	2	7
1	2	4	7	9	6	3	8	5
9	8	6	1	5	3	7	4	2
7	5	3	4	2	8	1	6	9

Sudoku Puzzle 257

4	7	3	1	6	2	9	5	8
5	8	1	3	9	7	4	6	2
9	2	6	4	5	8	7	1	3
3	6	5	9	8	4	1	2	7
8	1	2	6	7	5	3	4	9
7	4	9	2	3	1	5	8	6
6	5	4	7	2	9	8	3	1
1	3	7	8	4	6	2	9	5
2	9	8	5	1	3	6	7	4

Sudoku Puzzle 258

4	1	6	2	8	3	7	5	9
3	7	8	4	9	5	2	1	6
9	5	2	6	7	1	4	8	3
7	2	1	8	6	4	9	3	5
8	4	5	1	3	9	6	7	2
6	3	9	7	5	2	1	4	8
2	9	7	5	1	8	3	6	4
5	6	3	9	4	7	8	2	1
1	8	4	3	2	6	5	9	7

Sudoku Puzzle 259

7	6	8	5	1	3	4	2	9
9	3	5	7	4	2	6	8	1
1	2	4	9	8	6	7	5	3
4	9	1	8	2	5	3	7	6
6	8	3	4	9	7	5	1	2
5	7	2	6	3	1	9	4	8
8	1	7	3	5	9	2	6	4
3	4	6	2	7	8	1	9	5
2	5	9	1	6	4	8	3	7

Sudoku Puzzle 260

2	3	6	9	8	4	7	1	5
1	9	8	7	3	5	2	4	6
5	4	7	1	6	2	3	8	9
8	6	2	5	4	9	1	3	7
9	1	5	8	7	3	4	6	2
3	7	4	6	2	1	9	5	8
4	2	9	3	5	8	6	7	1
6	8	3	2	1	7	5	9	4
7	5	1	4	9	6	8	2	3

Sudoku Puzzle 261

7	1	3	2	4	9	6	5	8
9	5	4	1	6	8	3	7	2
6	2	8	3	5	7	9	1	4
5	6	7	9	3	2	8	4	1
1	3	2	5	8	4	7	9	6
4	8	9	6	7	1	2	3	5
2	7	5	8	1	3	4	6	9
8	4	6	7	9	5	1	2	3
3	9	1	4	2	6	5	8	7

Sudoku Puzzle 262

6	9	7	2	8	4	1	3	5
1	3	8	7	5	9	2	4	6
4	2	5	6	1	3	8	9	7
8	4	3	1	7	2	6	5	9
9	6	2	5	4	8	7	1	3
7	5	1	3	9	6	4	2	8
5	1	6	9	2	7	3	8	4
2	7	4	8	3	5	9	6	1
3	8	9	4	6	1	5	7	2

Sudoku Puzzle 263

1	8	9	4	5	3	7	2	6
2	6	4	7	1	9	3	5	8
7	5	3	6	8	2	4	9	1
6	9	7	8	4	5	2	1	3
5	1	2	9	3	6	8	7	4
3	4	8	2	7	1	9	6	5
8	3	5	1	9	7	6	4	2
9	2	1	3	6	4	5	8	7
4	7	6	5	2	8	1	3	9

Sudoku Puzzle 264

7	3	8	9	1	2	6	5	4
6	2	5	8	4	3	7	1	9
4	1	9	7	6	5	3	8	2
5	6	3	4	9	7	1	2	8
9	7	2	3	8	1	5	4	6
8	4	1	2	5	6	9	3	7
3	9	7	5	2	4	8	6	1
1	8	4	6	3	9	2	7	5
2	5	6	1	7	8	4	9	3

Sudoku Puzzle 265

4	1	5	8	9	2	3	7	6
2	9	3	6	7	1	5	4	8
6	7	8	5	3	4	1	2	9
5	8	4	7	1	3	9	6	2
9	3	1	2	4	6	7	8	5
7	6	2	9	5	8	4	3	1
8	5	9	4	2	7	6	1	3
1	2	7	3	6	9	8	5	4
3	4	6	1	8	5	2	9	7

Sudoku Puzzle 266

2	6	5	3	1	9	7	8	4
1	9	8	2	4	7	3	5	6
4	7	3	5	8	6	1	2	9
5	2	4	7	3	1	9	6	8
7	1	6	9	5	8	2	4	3
8	3	9	4	6	2	5	7	1
3	4	2	6	9	5	8	1	7
9	8	7	1	2	4	6	3	5
6	5	1	8	7	3	4	9	2

Sudoku Puzzle 267

6	1	3	2	5	7	8	4	9
9	8	5	3	4	6	7	2	1
4	7	2	8	1	9	3	5	6
2	9	8	1	3	4	5	6	7
5	6	1	9	7	8	4	3	2
7	3	4	6	2	5	9	1	8
1	4	9	5	8	2	6	7	3
3	5	6	7	9	1	2	8	4
8	2	7	4	6	3	1	9	5

Sudoku Puzzle 268

8	3	5	9	4	6	7	2	1
6	4	7	3	1	2	5	9	8
9	1	2	5	8	7	4	6	3
5	2	3	6	9	8	1	4	7
4	7	9	1	3	5	2	8	6
1	8	6	7	2	4	3	5	9
2	5	1	8	6	3	9	7	4
7	9	8	4	5	1	6	3	2
3	6	4	2	7	9	8	1	5

Sudoku Puzzle 269

6	5	7	2	9	4	1	3	8
4	1	2	8	6	3	9	7	5
3	8	9	7	5	1	4	2	6
8	6	5	3	4	9	7	1	2
9	7	4	6	1	2	5	8	3
1	2	3	5	7	8	6	4	9
7	4	8	9	3	6	2	5	1
2	9	1	4	8	5	3	6	7
5	3	6	1	2	7	8	9	4

Sudoku Puzzle 270

1	3	4	2	6	7	8	5	9
8	9	2	5	4	1	6	7	3
7	6	5	9	3	8	1	2	4
4	2	6	7	8	3	9	1	5
9	8	7	1	5	6	4	3	2
5	1	3	4	2	9	7	6	8
6	5	1	3	9	4	2	8	7
2	4	8	6	7	5	3	9	1
3	7	9	8	1	2	5	4	6

Sudoku Puzzle 271

8	5	7	2	1	3	9	4	6
6	3	2	4	7	9	8	5	1
1	9	4	6	8	5	3	7	2
4	7	9	1	6	2	5	3	8
3	2	8	7	5	4	6	1	9
5	1	6	3	9	8	4	2	7
7	4	5	8	2	6	1	9	3
2	6	3	9	4	1	7	8	5
9	8	1	5	3	7	2	6	4

Sudoku Puzzle 272

9	4	1	2	7	6	3	5	8
8	6	5	9	1	3	4	7	2
7	2	3	5	4	8	9	1	6
1	3	7	6	2	4	5	8	9
5	8	4	3	9	1	2	6	7
2	9	6	7	8	5	1	3	4
6	7	2	1	3	9	8	4	5
4	1	9	8	5	7	6	2	3
3	5	8	4	6	2	7	9	1

Sudoku Puzzle 273

8	5	3	7	4	1	9	6	2
6	4	9	5	2	8	3	7	1
7	1	2	3	6	9	5	8	4
3	6	7	9	1	4	2	5	8
1	8	5	6	7	2	4	9	3
2	9	4	8	5	3	7	1	6
5	2	1	4	9	6	8	3	7
9	3	6	2	8	7	1	4	5
4	7	8	1	3	5	6	2	9

Sudoku Puzzle 274

4	7	3	8	2	5	1	6	9
5	6	2	3	1	9	7	8	4
9	1	8	6	7	4	2	3	5
8	3	6	5	9	1	4	7	2
1	5	7	4	8	2	3	9	6
2	9	4	7	6	3	5	1	8
6	4	9	2	3	7	8	5	1
3	8	5	1	4	6	9	2	7
7	2	1	9	5	8	6	4	3

Sudoku Puzzle 275

2	5	7	3	6	4	8	1	9
9	4	3	5	1	8	7	6	2
6	1	8	2	9	7	5	3	4
5	7	2	6	3	1	4	9	8
3	6	9	8	4	5	1	2	7
4	8	1	9	7	2	6	5	3
7	9	4	1	2	6	3	8	5
1	3	5	7	8	9	2	4	6
8	2	6	4	5	3	9	7	1

Sudoku Puzzle 276

1	3	2	7	4	6	5	9	8
7	9	4	1	5	8	2	6	3
6	5	8	9	2	3	4	1	7
8	2	1	3	6	7	9	5	4
4	6	5	8	9	2	3	7	1
9	7	3	5	1	4	8	2	6
2	4	9	6	3	1	7	8	5
5	1	7	4	8	9	6	3	2
3	8	6	2	7	5	1	4	9

Sudoku Puzzle 277

4	5	3	8	7	2	1	9	6
1	9	2	5	3	6	4	8	7
8	7	6	4	9	1	3	5	2
2	1	7	6	4	8	5	3	9
5	3	8	9	1	7	2	6	4
6	4	9	2	5	3	7	1	8
3	2	5	7	6	9	8	4	1
9	8	1	3	2	4	6	7	5
7	6	4	1	8	5	9	2	3

Sudoku Puzzle 278

9	7	5	6	4	3	2	8	1
8	2	6	9	1	7	5	4	3
3	4	1	2	5	8	9	6	7
4	3	7	1	6	2	8	9	5
1	5	2	3	8	9	6	7	4
6	9	8	5	7	4	3	1	2
5	8	3	4	9	1	7	2	6
2	1	9	7	3	6	4	5	8
7	6	4	8	2	5	1	3	9

Sudoku Puzzle 279

8	6	4	9	3	1	2	5	7
9	5	7	4	2	6	1	8	3
3	2	1	8	5	7	4	9	6
6	4	2	5	1	8	7	3	9
5	9	8	7	4	3	6	2	1
1	7	3	6	9	2	5	4	8
4	1	9	3	7	5	8	6	2
2	8	5	1	6	9	3	7	4
7	3	6	2	8	4	9	1	5

Sudoku Puzzle 280

4	6	7	5	8	3	1	9	2
5	1	9	7	6	2	3	4	8
2	8	3	9	1	4	7	6	5
7	9	5	4	3	8	2	1	6
3	2	6	1	9	5	8	7	4
1	4	8	2	7	6	5	3	9
8	3	1	6	5	9	4	2	7
9	7	4	8	2	1	6	5	3
6	5	2	3	4	7	9	8	1

Sudoku Puzzle 281

8	9	1	5	2	7	3	4	6
7	3	2	6	8	4	1	9	5
4	6	5	3	9	1	8	7	2
2	7	4	8	5	3	9	6	1
9	5	3	7	1	6	2	8	4
6	1	8	2	4	9	5	3	7
5	2	9	4	6	8	7	1	3
3	8	6	1	7	5	4	2	9
1	4	7	9	3	2	6	5	8

Sudoku Puzzle 282

5	8	3	6	4	1	2	7	9
2	9	7	8	3	5	4	6	1
4	1	6	7	9	2	8	3	5
1	2	9	3	6	8	7	5	4
3	4	8	1	5	7	9	2	6
6	7	5	9	2	4	3	1	8
8	5	4	2	1	3	6	9	7
9	3	1	4	7	6	5	8	2
7	6	2	5	8	9	1	4	3

Sudoku Puzzle 283

1	8	4	6	2	3	7	5	9
5	3	2	8	9	7	1	6	4
7	6	9	1	5	4	3	2	8
6	7	5	3	4	1	9	8	2
4	9	3	7	8	2	6	1	5
8	2	1	5	6	9	4	3	7
3	1	8	4	7	5	2	9	6
2	5	7	9	1	6	8	4	3
9	4	6	2	3	8	5	7	1

Sudoku Puzzle 284

9	7	8	3	6	4	1	2	5
2	6	5	7	8	1	9	4	3
3	4	1	5	2	9	6	8	7
6	9	4	8	1	5	7	3	2
8	5	7	2	3	6	4	9	1
1	3	2	9	4	7	8	5	6
4	1	9	6	5	3	2	7	8
7	8	3	1	9	2	5	6	4
5	2	6	4	7	8	3	1	9

Sudoku Puzzle 285

3	1	7	4	6	9	5	2	8
5	6	4	8	3	2	7	9	1
8	2	9	7	1	5	6	3	4
2	7	3	1	8	4	9	5	6
1	5	8	2	9	6	4	7	3
4	9	6	3	5	7	8	1	2
6	3	2	9	7	8	1	4	5
7	4	5	6	2	1	3	8	9
9	8	1	5	4	3	2	6	7

Sudoku Puzzle 286

9	4	2	3	8	1	7	6	5
1	3	7	6	4	5	9	8	2
8	6	5	2	9	7	1	3	4
6	7	8	9	1	2	4	5	3
5	9	1	4	6	3	2	7	8
4	2	3	5	7	8	6	1	9
7	8	9	1	3	4	5	2	6
2	1	4	8	5	6	3	9	7
3	5	6	7	2	9	8	4	1

Sudoku Puzzle 287

4	9	2	3	7	6	5	1	8
6	7	3	1	8	5	9	4	2
8	5	1	2	4	9	3	6	7
7	3	4	5	2	8	1	9	6
1	8	5	9	6	7	4	2	3
9	2	6	4	3	1	8	7	5
3	6	7	8	1	4	2	5	9
2	1	9	6	5	3	7	8	4
5	4	8	7	9	2	6	3	1

Sudoku Puzzle 288

9	7	5	6	1	3	2	8	4
6	4	3	8	9	2	1	7	5
8	2	1	5	4	7	9	6	3
2	1	9	4	6	5	8	3	7
3	8	4	9	7	1	5	2	6
5	6	7	3	2	8	4	1	9
7	9	2	1	5	6	3	4	8
4	3	6	2	8	9	7	5	1
1	5	8	7	3	4	6	9	2

Sudoku Puzzle 289

4	3	6	2	5	9	7	8	1
7	1	2	3	6	8	4	9	5
8	9	5	1	7	4	2	6	3
3	2	1	7	4	6	8	5	9
5	7	9	8	2	3	6	1	4
6	4	8	5	9	1	3	7	2
2	6	7	4	1	5	9	3	8
9	5	3	6	8	2	1	4	7
1	8	4	9	3	7	5	2	6

Sudoku Puzzle 290

9	2	5	6	4	1	3	7	8
6	7	1	3	5	8	4	2	9
4	3	8	7	9	2	1	5	6
2	9	7	1	6	3	8	4	5
8	5	3	4	7	9	6	1	2
1	4	6	2	8	5	7	9	3
3	8	9	5	1	7	2	6	4
5	1	4	8	2	6	9	3	7
7	6	2	9	3	4	5	8	1

Sudoku Puzzle 291

6	7	4	2	1	8	9	3	5
1	2	9	6	5	3	8	7	4
8	5	3	4	7	9	1	6	2
4	9	5	8	6	1	3	2	7
2	1	7	9	3	4	5	8	6
3	6	8	5	2	7	4	1	9
5	8	2	3	4	6	7	9	1
9	4	1	7	8	2	6	5	3
7	3	6	1	9	5	2	4	8

Sudoku Puzzle 292

7	3	5	6	4	9	1	2	8
2	4	8	5	3	1	9	6	7
6	1	9	8	7	2	4	3	5
5	7	2	1	6	8	3	9	4
1	6	3	4	9	5	7	8	2
8	9	4	3	2	7	6	5	1
4	8	1	9	5	3	2	7	6
3	2	6	7	8	4	5	1	9
9	5	7	2	1	6	8	4	3

Sudoku Puzzle 293

6	3	5	7	8	9	4	1	2
7	2	9	4	1	6	3	8	5
1	8	4	3	5	2	7	9	6
4	9	6	1	2	8	5	7	3
3	1	8	6	7	5	2	4	9
2	5	7	9	3	4	8	6	1
5	7	2	8	6	1	9	3	4
8	4	1	2	9	3	6	5	7
9	6	3	5	4	7	1	2	8

Sudoku Puzzle 294

3	4	5	2	1	6	9	8	7
2	6	1	8	9	7	3	4	5
9	8	7	4	5	3	2	6	1
5	1	3	9	8	4	6	7	2
4	2	6	7	3	5	8	1	9
7	9	8	1	6	2	5	3	4
1	3	2	5	4	8	7	9	6
6	7	9	3	2	1	4	5	8
8	5	4	6	7	9	1	2	3

Sudoku Puzzle 295

3	5	6	9	7	1	2	4	8
4	7	2	5	8	3	9	6	1
8	1	9	2	6	4	7	5	3
7	6	4	3	9	5	1	8	2
5	3	1	7	2	8	4	9	6
9	2	8	4	1	6	5	3	7
2	4	5	6	3	7	8	1	9
6	8	7	1	5	9	3	2	4
1	9	3	8	4	2	6	7	5

Sudoku Puzzle 296

8	9	1	7	5	6	4	3	2
6	4	5	9	3	2	7	8	1
7	2	3	8	1	4	6	9	5
2	8	4	6	9	7	5	1	3
5	7	9	1	4	3	8	2	6
3	1	6	2	8	5	9	7	4
4	6	8	3	7	1	2	5	9
9	3	2	5	6	8	1	4	7
1	5	7	4	2	9	3	6	8

Sudoku Puzzle 297

6	4	5	1	7	9	3	8	2
9	1	7	2	8	3	5	6	4
3	2	8	6	5	4	7	1	9
5	7	6	9	1	8	2	4	3
2	8	9	4	3	5	6	7	1
4	3	1	7	2	6	8	9	5
8	5	4	3	6	1	9	2	7
7	9	3	8	4	2	1	5	6
1	6	2	5	9	7	4	3	8

Sudoku Puzzle 298

2	7	1	9	4	5	8	3	6
6	5	4	8	3	1	9	7	2
9	3	8	6	2	7	1	4	5
4	2	5	1	8	3	7	6	9
1	9	3	4	7	6	5	2	8
7	8	6	5	9	2	3	1	4
3	6	7	2	5	8	4	9	1
8	1	9	7	6	4	2	5	3
5	4	2	3	1	9	6	8	7

Sudoku Puzzle 299

9	1	6	4	7	5	8	3	2
5	2	4	6	3	8	7	1	9
7	3	8	1	2	9	4	6	5
3	9	2	7	4	1	5	8	6
8	6	5	2	9	3	1	4	7
1	4	7	8	5	6	9	2	3
6	5	1	3	8	7	2	9	4
4	7	3	9	1	2	6	5	8
2	8	9	5	6	4	3	7	1

Sudoku Puzzle 300

2	3	8	9	7	1	6	4	5
1	5	6	3	2	4	9	7	8
7	4	9	5	8	6	1	2	3
5	1	7	4	9	8	2	3	6
6	2	4	7	5	3	8	9	1
9	8	3	6	1	2	7	5	4
3	6	2	1	4	9	5	8	7
8	7	1	2	3	5	4	6	9
4	9	5	8	6	7	3	1	2

Sudoku Puzzle 301

9	6	8	4	1	2	3	5	7
2	5	3	8	7	6	1	9	4
7	4	1	5	9	3	8	2	6
3	1	7	6	2	8	9	4	5
6	2	9	1	4	5	7	3	8
5	8	4	9	3	7	6	1	2
8	9	5	2	6	1	4	7	3
4	7	6	3	5	9	2	8	1
1	3	2	7	8	4	5	6	9

Sudoku Puzzle 302

5	4	3	1	8	7	6	9	2
2	9	8	5	4	6	7	1	3
1	7	6	3	9	2	8	5	4
6	8	2	9	3	1	5	4	7
9	1	4	7	5	8	2	3	6
7	3	5	6	2	4	1	8	9
3	6	9	2	1	5	4	7	8
4	2	1	8	7	9	3	6	5
8	5	7	4	6	3	9	2	1

Sudoku Puzzle 303

7	2	5	3	8	1	6	4	9
4	3	8	9	5	6	1	2	7
1	9	6	2	7	4	8	5	3
8	5	9	7	4	2	3	6	1
3	7	2	6	1	9	4	8	5
6	1	4	5	3	8	7	9	2
5	6	7	8	2	3	9	1	4
9	4	3	1	6	5	2	7	8
2	8	1	4	9	7	5	3	6

Sudoku Puzzle 304

5	4	1	6	8	3	9	7	2
7	2	6	1	9	4	3	5	8
9	8	3	2	7	5	4	6	1
2	3	5	7	4	9	8	1	6
8	9	7	3	6	1	2	4	5
6	1	4	5	2	8	7	3	9
1	6	8	4	3	2	5	9	7
3	5	9	8	1	7	6	2	4
4	7	2	9	5	6	1	8	3

Sudoku Puzzle 305

6	8	7	9	2	3	5	1	4
4	3	5	1	8	6	9	7	2
9	2	1	7	4	5	3	6	8
7	1	2	4	6	9	8	5	3
5	4	3	8	1	2	6	9	7
8	6	9	5	3	7	4	2	1
3	5	8	6	7	1	2	4	9
2	7	6	3	9	4	1	8	5
1	9	4	2	5	8	7	3	6

Sudoku Puzzle 306

1	4	9	7	5	2	6	3	8
7	5	8	3	6	1	4	9	2
3	6	2	8	4	9	1	5	7
4	8	5	1	7	3	2	6	9
6	9	7	2	8	5	3	4	1
2	1	3	6	9	4	7	8	5
8	2	4	5	3	7	9	1	6
9	7	6	4	1	8	5	2	3
5	3	1	9	2	6	8	7	4

Sudoku Puzzle 307

5	2	8	7	6	3	1	4	9
9	6	4	2	8	1	3	5	7
1	7	3	9	4	5	6	2	8
8	9	1	4	7	2	5	6	3
2	4	5	8	3	6	9	7	1
7	3	6	5	1	9	4	8	2
6	1	7	3	2	4	8	9	5
3	8	9	6	5	7	2	1	4
4	5	2	1	9	8	7	3	6

Sudoku Puzzle 308

9	4	3	8	1	5	6	7	2
6	7	1	9	4	2	8	3	5
5	2	8	7	6	3	4	1	9
1	8	9	4	3	6	5	2	7
2	6	4	5	9	7	3	8	1
7	3	5	2	8	1	9	6	4
3	1	7	6	5	9	2	4	8
8	5	6	1	2	4	7	9	3
4	9	2	3	7	8	1	5	6

Sudoku Puzzle 309

3	2	1	4	9	8	5	6	7
6	5	9	1	3	7	2	8	4
8	7	4	2	6	5	1	9	3
5	4	3	9	2	1	8	7	6
9	8	2	5	7	6	3	4	1
1	6	7	8	4	3	9	5	2
4	9	8	6	1	2	7	3	5
7	1	6	3	5	9	4	2	8
2	3	5	7	8	4	6	1	9

Sudoku Puzzle 310

9	1	6	2	7	5	4	8	3
3	7	4	1	9	8	6	5	2
5	2	8	6	3	4	7	9	1
1	5	2	3	6	9	8	7	4
8	3	7	4	5	1	9	2	6
6	4	9	8	2	7	1	3	5
7	9	3	5	4	6	2	1	8
2	6	1	7	8	3	5	4	9
4	8	5	9	1	2	3	6	7

Sudoku Puzzle 311

1	6	8	5	4	3	2	9	7
3	5	7	1	9	2	6	4	8
9	2	4	6	8	7	5	1	3
2	3	9	8	6	4	1	7	5
8	4	5	2	7	1	3	6	9
6	7	1	9	3	5	4	8	2
4	1	3	7	5	8	9	2	6
5	8	6	4	2	9	7	3	1
7	9	2	3	1	6	8	5	4

Sudoku Puzzle 312

2	3	5	8	1	4	7	9	6
1	9	6	7	5	3	8	4	2
8	7	4	9	2	6	3	1	5
9	6	2	5	4	7	1	3	8
7	8	3	6	9	1	2	5	4
5	4	1	3	8	2	9	6	7
4	5	8	1	7	9	6	2	3
6	2	9	4	3	8	5	7	1
3	1	7	2	6	5	4	8	9

Sudoku Puzzle 313

3	5	1	9	8	6	2	4	7
7	9	4	1	5	2	3	6	8
6	2	8	4	7	3	9	1	5
1	7	3	6	4	5	8	9	2
4	8	5	3	2	9	1	7	6
2	6	9	8	1	7	4	5	3
5	4	7	2	3	1	6	8	9
9	1	2	7	6	8	5	3	4
8	3	6	5	9	4	7	2	1

Sudoku Puzzle 314

9	2	7	1	8	5	4	6	3
4	6	5	3	9	2	1	8	7
1	8	3	6	7	4	5	9	2
2	4	8	9	5	1	3	7	6
7	3	9	8	4	6	2	1	5
5	1	6	7	2	3	9	4	8
3	9	2	4	6	8	7	5	1
6	5	4	2	1	7	8	3	9
8	7	1	5	3	9	6	2	4

Sudoku Puzzle 315

2	1	3	6	7	8	9	5	4
8	6	5	2	9	4	3	1	7
9	4	7	5	1	3	8	6	2
6	7	9	3	4	1	2	8	5
3	5	4	7	8	2	1	9	6
1	2	8	9	5	6	7	4	3
4	9	2	8	6	7	5	3	1
7	8	6	1	3	5	4	2	9
5	3	1	4	2	9	6	7	8

Sudoku Puzzle 316

3	8	1	7	6	5	4	2	9
2	9	4	3	8	1	5	6	7
7	6	5	2	4	9	8	3	1
4	5	6	1	3	7	2	9	8
1	2	9	8	5	6	7	4	3
8	7	3	9	2	4	6	1	5
5	3	7	6	1	2	9	8	4
6	4	8	5	9	3	1	7	2
9	1	2	4	7	8	3	5	6

Sudoku Puzzle 317

2	8	9	1	7	4	5	3	6
5	1	4	3	6	9	8	2	7
7	3	6	8	2	5	1	4	9
6	2	1	9	5	3	7	8	4
4	9	7	6	1	8	2	5	3
8	5	3	2	4	7	6	9	1
9	7	5	4	8	1	3	6	2
3	6	8	7	9	2	4	1	5
1	4	2	5	3	6	9	7	8

Sudoku Puzzle 318

3	9	7	4	5	8	6	2	1
1	4	5	9	6	2	8	3	7
6	8	2	7	1	3	5	4	9
7	5	4	3	9	1	2	8	6
9	6	8	5	2	4	7	1	3
2	3	1	6	8	7	9	5	4
8	1	3	2	7	6	4	9	5
4	7	9	8	3	5	1	6	2
5	2	6	1	4	9	3	7	8

Sudoku Puzzle 319

4	1	8	9	2	3	6	7	5
3	5	7	1	8	6	4	9	2
2	6	9	7	4	5	1	8	3
6	7	3	8	1	4	2	5	9
5	4	1	3	9	2	8	6	7
8	9	2	5	6	7	3	4	1
1	8	5	4	3	9	7	2	6
9	2	4	6	7	1	5	3	8
7	3	6	2	5	8	9	1	4

Sudoku Puzzle 320

2	4	6	1	9	8	5	3	7
8	3	5	2	6	7	1	4	9
9	7	1	3	4	5	2	8	6
5	1	2	7	3	6	8	9	4
6	8	3	9	2	4	7	1	5
7	9	4	5	8	1	3	6	2
3	6	9	8	7	2	4	5	1
4	5	7	6	1	3	9	2	8
1	2	8	4	5	9	6	7	3

Sudoku Puzzle 321

4	6	3	8	5	2	1	9	7
2	8	7	6	9	1	4	3	5
5	1	9	7	3	4	2	6	8
6	7	8	1	4	3	5	2	9
3	5	1	2	7	9	6	8	4
9	4	2	5	6	8	3	7	1
1	2	4	9	8	6	7	5	3
7	9	6	3	1	5	8	4	2
8	3	5	4	2	7	9	1	6

Sudoku Puzzle 322

2	6	4	8	5	1	7	9	3
5	7	8	9	6	3	4	2	1
3	9	1	4	2	7	5	6	8
1	8	9	7	3	4	2	5	6
6	3	2	1	9	5	8	4	7
7	4	5	6	8	2	3	1	9
9	2	6	3	4	8	1	7	5
4	1	3	5	7	6	9	8	2
8	5	7	2	1	9	6	3	4

Sudoku Puzzle 323

1	2	3	4	9	5	6	8	7
8	5	9	7	2	6	1	3	4
4	6	7	1	8	3	9	2	5
5	3	2	6	4	7	8	9	1
9	7	8	5	1	2	3	4	6
6	4	1	9	3	8	7	5	2
7	9	6	8	5	4	2	1	3
3	8	5	2	7	1	4	6	9
2	1	4	3	6	9	5	7	8

Sudoku Puzzle 324

2	3	4	8	9	6	1	5	7
8	9	6	1	5	7	2	3	4
5	1	7	3	4	2	8	9	6
6	7	2	9	8	5	3	4	1
4	5	3	2	7	1	6	8	9
9	8	1	4	6	3	5	7	2
3	6	8	7	1	9	4	2	5
1	2	9	5	3	4	7	6	8
7	4	5	6	2	8	9	1	3

Sudoku Puzzle 325

4	2	6	9	8	1	3	7	5
5	9	7	4	2	3	6	8	1
3	8	1	5	7	6	2	9	4
9	6	5	2	3	4	8	1	7
7	4	2	8	1	5	9	3	6
8	1	3	7	6	9	5	4	2
2	7	9	6	4	8	1	5	3
6	3	8	1	5	7	4	2	9
1	5	4	3	9	2	7	6	8

Sudoku Puzzle 326

4	3	6	8	7	1	2	9	5
9	1	7	4	2	5	6	8	3
8	5	2	9	3	6	1	7	4
2	9	3	1	6	8	4	5	7
6	8	1	7	5	4	3	2	9
5	7	4	3	9	2	8	6	1
7	2	5	6	4	3	9	1	8
3	6	8	5	1	9	7	4	2
1	4	9	2	8	7	5	3	6

Sudoku Puzzle 327

3	6	5	1	4	9	2	8	7
4	9	7	3	2	8	1	5	6
1	2	8	5	7	6	9	3	4
2	3	9	7	5	4	8	6	1
5	7	1	6	8	3	4	9	2
8	4	6	2	9	1	5	7	3
9	8	3	4	1	7	6	2	5
7	5	4	9	6	2	3	1	8
6	1	2	8	3	5	7	4	9

Sudoku Puzzle 328

7	2	9	1	3	8	6	4	5
6	4	1	7	2	5	3	8	9
3	8	5	9	4	6	7	2	1
1	3	4	5	6	7	2	9	8
2	5	8	4	9	3	1	6	7
9	6	7	8	1	2	4	5	3
8	7	6	3	5	4	9	1	2
5	9	2	6	7	1	8	3	4
4	1	3	2	8	9	5	7	6

Sudoku Puzzle 329

2	6	1	9	5	7	4	3	8
7	4	8	3	6	2	5	1	9
9	3	5	8	4	1	6	2	7
5	8	3	6	2	9	7	4	1
1	2	4	7	8	5	3	9	6
6	7	9	1	3	4	8	5	2
3	9	7	5	1	6	2	8	4
4	5	6	2	9	8	1	7	3
8	1	2	4	7	3	9	6	5

Sudoku Puzzle 330

7	9	5	8	4	2	6	3	1
6	8	3	9	5	1	7	2	4
2	4	1	6	7	3	8	5	9
9	2	6	1	3	4	5	7	8
4	1	8	7	6	5	3	9	2
5	3	7	2	9	8	1	4	6
3	6	4	5	1	9	2	8	7
8	7	9	3	2	6	4	1	5
1	5	2	4	8	7	9	6	3

Sudoku Puzzle 331

9	5	4	3	1	8	6	2	7
7	2	8	6	9	4	5	1	3
1	6	3	2	7	5	9	8	4
3	7	6	1	2	9	8	4	5
4	9	1	8	5	3	7	6	2
2	8	5	7	4	6	1	3	9
5	4	2	9	6	1	3	7	8
6	3	9	4	8	7	2	5	1
8	1	7	5	3	2	4	9	6

Sudoku Puzzle 332

4	8	9	6	7	1	2	3	5
7	5	1	2	3	4	9	8	6
6	3	2	8	9	5	7	1	4
5	2	7	1	6	8	4	9	3
3	1	8	7	4	9	5	6	2
9	4	6	5	2	3	1	7	8
1	6	5	4	8	7	3	2	9
8	7	3	9	5	2	6	4	1
2	9	4	3	1	6	8	5	7

Sudoku Puzzle 333

9	6	3	2	8	4	7	1	5
5	4	2	9	7	1	6	8	3
8	7	1	6	3	5	4	2	9
3	5	9	8	4	2	1	7	6
1	8	6	7	5	9	3	4	2
4	2	7	3	1	6	9	5	8
2	9	4	5	6	7	8	3	1
7	3	5	1	9	8	2	6	4
6	1	8	4	2	3	5	9	7

Sudoku Puzzle 334

1	6	9	7	2	3	8	4	5
3	2	5	4	9	8	7	1	6
8	4	7	1	6	5	9	3	2
9	8	2	5	1	4	3	6	7
5	7	1	2	3	6	4	8	9
6	3	4	9	8	7	2	5	1
7	9	6	8	4	1	5	2	3
4	5	3	6	7	2	1	9	8
2	1	8	3	5	9	6	7	4

Sudoku Puzzle 335

7	2	1	8	4	5	9	6	3
5	6	9	3	1	2	7	4	8
8	3	4	9	7	6	5	1	2
4	5	2	7	6	8	3	9	1
1	8	3	2	5	9	4	7	6
6	9	7	1	3	4	8	2	5
3	7	6	5	9	1	2	8	4
9	1	8	4	2	3	6	5	7
2	4	5	6	8	7	1	3	9

Sudoku Puzzle 336

5	4	6	9	2	7	8	1	3
9	3	8	5	1	6	2	4	7
1	2	7	8	3	4	6	9	5
6	9	3	7	5	8	4	2	1
7	8	4	1	6	2	3	5	9
2	5	1	3	4	9	7	6	8
4	1	9	2	7	3	5	8	6
3	6	5	4	8	1	9	7	2
8	7	2	6	9	5	1	3	4

Sudoku Puzzle 337

5	6	9	8	1	3	7	4	2
3	2	8	5	7	4	9	1	6
7	4	1	2	9	6	5	8	3
2	9	5	4	8	7	3	6	1
6	3	4	1	5	2	8	7	9
1	8	7	6	3	9	2	5	4
8	5	6	3	2	1	4	9	7
4	7	2	9	6	8	1	3	5
9	1	3	7	4	5	6	2	8

Sudoku Puzzle 338

2	5	7	4	8	9	3	6	1
8	3	4	7	6	1	9	2	5
6	9	1	5	2	3	8	4	7
1	4	5	2	9	7	6	8	3
3	7	8	1	4	6	5	9	2
9	6	2	8	3	5	1	7	4
4	8	6	3	1	2	7	5	9
5	1	9	6	7	4	2	3	8
7	2	3	9	5	8	4	1	6

Sudoku Puzzle 339

7	1	3	8	4	6	2	5	9
9	2	8	5	3	1	6	4	7
4	5	6	7	2	9	3	1	8
2	4	9	1	5	3	7	8	6
3	6	7	2	8	4	5	9	1
5	8	1	9	6	7	4	2	3
6	3	2	4	9	8	1	7	5
8	7	5	3	1	2	9	6	4
1	9	4	6	7	5	8	3	2

Sudoku Puzzle 340

9	7	2	3	8	6	4	5	1
6	4	1	7	2	5	9	8	3
3	5	8	9	4	1	7	2	6
4	2	5	1	7	8	6	3	9
7	8	3	5	6	9	1	4	2
1	9	6	4	3	2	8	7	5
5	6	4	2	9	7	3	1	8
2	3	9	8	1	4	5	6	7
8	1	7	6	5	3	2	9	4

Sudoku Puzzle 341

8	4	1	9	3	6	7	2	5
5	6	2	1	7	8	4	3	9
3	9	7	5	4	2	8	1	6
7	2	4	6	9	5	1	8	3
1	5	3	4	8	7	9	6	2
6	8	9	3	2	1	5	7	4
2	3	8	7	5	9	6	4	1
4	1	5	8	6	3	2	9	7
9	7	6	2	1	4	3	5	8

Sudoku Puzzle 342

6	7	8	4	3	5	1	2	9
2	1	3	8	9	7	6	4	5
4	9	5	1	2	6	8	7	3
1	4	7	3	5	9	2	8	6
8	2	9	7	6	4	3	5	1
5	3	6	2	1	8	4	9	7
7	6	2	5	4	1	9	3	8
9	8	4	6	7	3	5	1	2
3	5	1	9	8	2	7	6	4

Sudoku Puzzle 343

2	1	7	3	5	6	9	4	8
5	4	6	7	8	9	2	3	1
9	8	3	1	4	2	5	7	6
6	5	4	8	3	7	1	2	9
7	9	1	6	2	4	3	8	5
8	3	2	9	1	5	4	6	7
1	6	8	2	9	3	7	5	4
4	2	9	5	7	8	6	1	3
3	7	5	4	6	1	8	9	2

Sudoku Puzzle 344

6	3	1	5	9	8	2	7	4
2	7	5	6	3	4	8	1	9
8	9	4	1	7	2	6	3	5
9	4	8	2	6	3	7	5	1
7	6	2	4	1	5	3	9	8
5	1	3	9	8	7	4	2	6
4	8	7	3	5	9	1	6	2
3	5	6	8	2	1	9	4	7
1	2	9	7	4	6	5	8	3

Sudoku Puzzle 345

2	7	6	1	8	3	4	5	9
4	8	3	6	5	9	1	2	7
9	1	5	7	4	2	8	6	3
5	9	1	2	7	4	6	3	8
7	6	4	9	3	8	2	1	5
3	2	8	5	6	1	7	9	4
8	4	2	3	1	5	9	7	6
6	5	9	8	2	7	3	4	1
1	3	7	4	9	6	5	8	2

Sudoku Puzzle 346

3	6	4	2	8	5	9	7	1
7	9	2	1	6	3	4	5	8
5	8	1	9	7	4	6	2	3
9	1	8	7	5	6	2	3	4
2	4	7	3	1	9	8	6	5
6	3	5	8	4	2	7	1	9
8	7	6	4	3	1	5	9	2
1	5	9	6	2	8	3	4	7
4	2	3	5	9	7	1	8	6

Sudoku Puzzle 347

6	9	2	7	8	4	3	5	1
5	8	7	9	1	3	2	4	6
1	4	3	6	2	5	9	7	8
3	5	1	4	9	8	7	6	2
8	2	4	3	7	6	1	9	5
9	7	6	1	5	2	4	8	3
4	1	5	2	6	7	8	3	9
2	3	8	5	4	9	6	1	7
7	6	9	8	3	1	5	2	4

Sudoku Puzzle 348

1	3	7	6	8	5	2	9	4
6	4	9	1	2	7	8	5	3
8	5	2	3	4	9	6	1	7
9	8	3	4	1	6	5	7	2
4	6	5	7	9	2	3	8	1
7	2	1	8	5	3	4	6	9
3	7	4	9	6	8	1	2	5
2	1	8	5	7	4	9	3	6
5	9	6	2	3	1	7	4	8

Sudoku Puzzle 349

7	4	3	8	1	9	2	6	5
8	9	1	6	5	2	4	3	7
6	2	5	7	3	4	1	9	8
9	7	6	2	8	1	3	5	4
2	1	8	5	4	3	9	7	6
3	5	4	9	7	6	8	1	2
1	6	9	4	2	7	5	8	3
5	3	2	1	6	8	7	4	9
4	8	7	3	9	5	6	2	1

Sudoku Puzzle 350

1	7	4	9	6	5	8	2	3
2	8	5	3	7	4	6	1	9
6	3	9	2	1	8	7	4	5
8	6	2	7	5	9	4	3	1
7	4	3	1	2	6	5	9	8
5	9	1	8	4	3	2	6	7
3	1	6	5	8	2	9	7	4
9	2	8	4	3	7	1	5	6
4	5	7	6	9	1	3	8	2

Sudoku Puzzle 351

3	6	5	1	9	4	7	8	2
2	9	1	8	7	6	4	3	5
7	4	8	3	2	5	9	6	1
8	1	7	2	5	9	6	4	3
4	3	2	7	6	1	5	9	8
6	5	9	4	3	8	2	1	7
1	2	3	6	4	7	8	5	9
5	8	6	9	1	2	3	7	4
9	7	4	5	8	3	1	2	6

Sudoku Puzzle 352

6	3	2	4	8	1	5	9	7
7	9	1	3	2	5	8	6	4
5	8	4	7	6	9	3	2	1
3	2	9	5	4	6	7	1	8
8	7	6	1	3	2	4	5	9
1	4	5	8	9	7	6	3	2
4	1	7	2	5	3	9	8	6
2	6	3	9	7	8	1	4	5
9	5	8	6	1	4	2	7	3

Sudoku Puzzle 353

7	3	4	2	5	8	6	1	9
6	9	5	7	4	1	2	3	8
8	1	2	9	3	6	7	5	4
5	8	3	6	9	4	1	2	7
2	7	1	3	8	5	9	4	6
4	6	9	1	2	7	5	8	3
1	2	7	8	6	3	4	9	5
3	5	6	4	1	9	8	7	2
9	4	8	5	7	2	3	6	1

Sudoku Puzzle 354

9	3	7	1	6	5	8	4	2
2	5	4	3	8	9	7	6	1
6	8	1	2	4	7	5	3	9
1	4	5	8	2	3	9	7	6
3	7	2	5	9	6	1	8	4
8	6	9	7	1	4	3	2	5
5	1	6	4	7	8	2	9	3
4	2	8	9	3	1	6	5	7
7	9	3	6	5	2	4	1	8

Sudoku Puzzle 355

9	6	5	2	7	1	3	8	4
2	1	8	5	3	4	9	6	7
3	4	7	9	8	6	2	5	1
7	3	2	8	1	5	6	4	9
1	5	9	6	4	3	8	7	2
6	8	4	7	9	2	1	3	5
4	9	6	1	5	8	7	2	3
8	7	3	4	2	9	5	1	6
5	2	1	3	6	7	4	9	8

Sudoku Puzzle 356

6	8	7	3	1	2	9	5	4
2	9	5	7	6	4	3	8	1
1	3	4	8	9	5	7	6	2
3	6	9	1	4	7	8	2	5
5	4	2	6	3	8	1	9	7
7	1	8	5	2	9	6	4	3
9	7	3	2	5	6	4	1	8
8	2	6	4	7	1	5	3	9
4	5	1	9	8	3	2	7	6

Sudoku Puzzle 357

6	7	4	3	2	1	8	5	9
9	2	8	7	4	5	3	1	6
5	3	1	6	8	9	7	2	4
1	8	7	9	6	4	5	3	2
4	5	6	2	1	3	9	8	7
2	9	3	8	5	7	6	4	1
3	1	9	4	7	8	2	6	5
7	6	5	1	3	2	4	9	8
8	4	2	5	9	6	1	7	3

Sudoku Puzzle 358

4	2	6	1	7	9	5	8	3
3	1	5	8	6	4	2	9	7
9	7	8	5	3	2	4	6	1
8	3	7	2	4	5	9	1	6
1	5	2	7	9	6	8	3	4
6	9	4	3	8	1	7	5	2
5	8	3	4	1	7	6	2	9
2	4	9	6	5	3	1	7	8
7	6	1	9	2	8	3	4	5

Sudoku Puzzle 359

4	7	1	2	6	8	5	9	3
5	6	2	7	3	9	8	4	1
3	9	8	4	5	1	2	6	7
7	2	5	9	1	4	3	8	6
8	3	9	6	2	7	4	1	5
1	4	6	5	8	3	7	2	9
2	5	7	8	9	6	1	3	4
9	1	4	3	7	2	6	5	8
6	8	3	1	4	5	9	7	2

Sudoku Puzzle 360

2	6	8	3	9	5	1	4	7
1	7	3	2	6	4	5	8	9
5	4	9	7	8	1	6	3	2
9	2	6	1	7	3	8	5	4
8	1	4	6	5	9	7	2	3
3	5	7	8	4	2	9	1	6
4	3	5	9	1	6	2	7	8
7	9	1	4	2	8	3	6	5
6	8	2	5	3	7	4	9	1

Sudoku Puzzle 361

1	2	4	9	3	8	6	7	5
3	6	8	4	5	7	2	9	1
5	7	9	6	1	2	4	8	3
8	1	2	3	7	5	9	6	4
4	9	3	2	6	1	7	5	8
7	5	6	8	4	9	1	3	2
9	4	1	5	8	6	3	2	7
6	8	7	1	2	3	5	4	9
2	3	5	7	9	4	8	1	6

Sudoku Puzzle 362

4	2	5	8	7	6	1	3	9
1	3	7	9	5	2	8	4	6
6	9	8	1	3	4	2	5	7
9	7	1	4	2	8	5	6	3
3	5	6	7	9	1	4	8	2
2	8	4	3	6	5	9	7	1
7	4	9	2	8	3	6	1	5
8	6	2	5	1	7	3	9	4
5	1	3	6	4	9	7	2	8

Sudoku Puzzle 363

1	3	4	5	8	7	9	6	2
9	5	7	1	2	6	8	4	3
6	2	8	3	9	4	5	7	1
2	8	5	4	1	9	6	3	7
7	4	1	8	6	3	2	5	9
3	6	9	7	5	2	4	1	8
5	9	3	2	4	1	7	8	6
4	7	6	9	3	8	1	2	5
8	1	2	6	7	5	3	9	4

Sudoku Puzzle 364

3	4	7	1	2	5	6	8	9
1	5	8	3	9	6	7	4	2
9	2	6	7	8	4	1	5	3
5	3	4	6	7	1	2	9	8
6	8	9	4	3	2	5	1	7
7	1	2	9	5	8	4	3	6
2	6	1	8	4	3	9	7	5
4	7	3	5	6	9	8	2	1
8	9	5	2	1	7	3	6	4

Sudoku Puzzle 365

8	9	2	1	6	7	5	4	3
1	3	4	2	5	8	7	9	6
5	7	6	4	3	9	1	2	8
3	1	5	8	2	4	9	6	7
2	8	7	3	9	6	4	1	5
6	4	9	7	1	5	8	3	2
4	5	1	6	7	3	2	8	9
9	6	8	5	4	2	3	7	1
7	2	3	9	8	1	6	5	4

Sudoku Puzzle 366

3	8	5	2	6	7	4	1	9
9	7	1	8	3	4	5	6	2
6	4	2	9	1	5	8	3	7
1	5	3	7	2	9	6	8	4
2	9	8	4	5	6	3	7	1
4	6	7	3	8	1	2	9	5
5	3	9	1	4	8	7	2	6
7	2	4	6	9	3	1	5	8
8	1	6	5	7	2	9	4	3

Sudoku Puzzle 367

9	4	2	7	1	5	8	6	3
7	5	3	8	4	6	1	2	9
8	6	1	9	3	2	5	4	7
2	1	4	6	9	7	3	8	5
6	3	8	1	5	4	9	7	2
5	9	7	3	2	8	6	1	4
3	7	5	4	8	1	2	9	6
1	2	6	5	7	9	4	3	8
4	8	9	2	6	3	7	5	1

Sudoku Puzzle 368

3	1	8	6	2	5	7	9	4
6	2	7	3	4	9	5	1	8
9	5	4	7	8	1	2	6	3
2	8	9	5	7	3	6	4	1
1	4	3	8	6	2	9	5	7
5	7	6	9	1	4	3	8	2
8	9	2	4	3	6	1	7	5
4	3	5	1	9	7	8	2	6
7	6	1	2	5	8	4	3	9

Sudoku Puzzle 369

2	3	1	7	5	8	9	4	6
5	9	4	6	3	1	2	8	7
8	7	6	9	2	4	1	3	5
7	4	9	8	1	2	5	6	3
3	5	2	4	9	6	7	1	8
6	1	8	5	7	3	4	2	9
1	8	7	2	6	5	3	9	4
4	2	5	3	8	9	6	7	1
9	6	3	1	4	7	8	5	2

Sudoku Puzzle 370

9	1	2	3	6	5	4	8	7
6	3	7	1	4	8	9	2	5
8	4	5	7	2	9	3	6	1
5	9	8	6	1	4	7	3	2
7	2	4	5	8	3	1	9	6
1	6	3	2	9	7	5	4	8
4	5	6	9	7	2	8	1	3
3	8	1	4	5	6	2	7	9
2	7	9	8	3	1	6	5	4

Sudoku Puzzle 371

6	3	4	9	7	5	1	2	8
9	7	2	4	8	1	3	5	6
5	8	1	6	3	2	9	4	7
4	9	6	8	5	3	7	1	2
1	5	3	7	2	4	8	6	9
8	2	7	1	9	6	5	3	4
3	6	8	5	4	9	2	7	1
7	1	5	2	6	8	4	9	3
2	4	9	3	1	7	6	8	5

Sudoku Puzzle 372

4	7	9	1	3	6	5	8	2
8	1	3	2	4	5	7	9	6
6	5	2	8	9	7	4	3	1
1	4	8	6	5	2	3	7	9
9	2	7	3	1	4	6	5	8
3	6	5	9	7	8	2	1	4
7	3	1	4	2	9	8	6	5
2	9	6	5	8	3	1	4	7
5	8	4	7	6	1	9	2	3

Sudoku Puzzle 373

5	7	6	8	2	1	4	9	3
8	1	9	6	4	3	7	2	5
2	4	3	7	9	5	1	8	6
9	3	8	5	1	6	2	7	4
4	5	7	3	8	2	6	1	9
6	2	1	4	7	9	5	3	8
3	6	2	1	5	8	9	4	7
7	9	5	2	3	4	8	6	1
1	8	4	9	6	7	3	5	2

Sudoku Puzzle 374

3	5	9	6	8	2	7	4	1
1	4	8	9	3	7	2	5	6
7	6	2	1	5	4	9	3	8
4	1	7	8	2	5	3	6	9
8	9	6	3	7	1	5	2	4
5	2	3	4	9	6	1	8	7
9	3	1	2	6	8	4	7	5
2	8	5	7	4	9	6	1	3
6	7	4	5	1	3	8	9	2

Sudoku Puzzle 375

1	6	2	5	7	4	8	3	9
9	8	7	3	6	1	5	4	2
5	3	4	2	9	8	6	7	1
3	4	6	8	1	7	2	9	5
7	2	9	4	5	6	3	1	8
8	5	1	9	2	3	4	6	7
4	9	8	7	3	5	1	2	6
6	7	3	1	8	2	9	5	4
2	1	5	6	4	9	7	8	3

Sudoku Puzzle 376

3	9	5	1	7	6	8	2	4
2	8	4	3	5	9	7	6	1
7	1	6	8	4	2	5	3	9
8	6	3	5	2	1	4	9	7
5	2	9	7	3	4	6	1	8
1	4	7	6	9	8	3	5	2
9	7	8	2	6	5	1	4	3
4	5	1	9	8	3	2	7	6
6	3	2	4	1	7	9	8	5

Sudoku Puzzle 377

7	8	4	5	2	3	9	1	6
5	9	2	8	1	6	7	4	3
3	6	1	7	4	9	2	8	5
9	7	3	1	6	4	5	2	8
6	1	8	3	5	2	4	7	9
4	2	5	9	7	8	6	3	1
2	5	7	6	8	1	3	9	4
8	3	6	4	9	7	1	5	2
1	4	9	2	3	5	8	6	7

Sudoku Puzzle 378

8	6	3	7	1	2	4	5	9
4	5	9	6	3	8	2	7	1
1	2	7	9	5	4	3	6	8
2	3	6	4	8	9	5	1	7
7	9	4	5	6	1	8	2	3
5	8	1	2	7	3	6	9	4
6	7	8	3	9	5	1	4	2
3	4	5	1	2	7	9	8	6
9	1	2	8	4	6	7	3	5

Sudoku Puzzle 379

8	9	4	7	5	1	2	6	3
2	1	6	8	3	4	9	5	7
3	5	7	9	6	2	8	1	4
4	2	3	1	7	9	6	8	5
1	8	9	6	4	5	7	3	2
6	7	5	3	2	8	4	9	1
9	4	1	2	8	3	5	7	6
7	3	2	5	9	6	1	4	8
5	6	8	4	1	7	3	2	9

Sudoku Puzzle 380

1	3	4	5	6	8	7	2	9
2	5	9	7	3	1	6	4	8
8	6	7	4	2	9	1	3	5
5	8	1	3	9	6	4	7	2
6	9	3	2	7	4	5	8	1
4	7	2	8	1	5	9	6	3
7	2	5	1	4	3	8	9	6
9	4	8	6	5	2	3	1	7
3	1	6	9	8	7	2	5	4

Sudoku Puzzle 381

2	9	4	8	1	3	7	6	5
8	3	6	7	5	9	1	2	4
7	1	5	6	2	4	9	8	3
9	2	3	1	4	5	6	7	8
5	7	8	2	3	6	4	9	1
6	4	1	9	8	7	3	5	2
1	8	9	3	6	2	5	4	7
4	6	2	5	7	1	8	3	9
3	5	7	4	9	8	2	1	6

Sudoku Puzzle 382

9	6	7	1	3	2	5	4	8
1	4	2	8	7	5	9	6	3
3	5	8	9	6	4	1	7	2
4	2	5	7	9	3	6	8	1
7	9	6	4	8	1	2	3	5
8	3	1	5	2	6	7	9	4
5	1	9	3	4	7	8	2	6
2	8	3	6	1	9	4	5	7
6	7	4	2	5	8	3	1	9

Sudoku Puzzle 383

4	8	9	3	6	2	1	5	7
6	7	3	9	1	5	4	2	8
5	2	1	4	7	8	3	9	6
9	5	4	2	8	1	7	6	3
7	1	6	5	9	3	8	4	2
8	3	2	6	4	7	9	1	5
1	9	7	8	5	6	2	3	4
2	4	5	7	3	9	6	8	1
3	6	8	1	2	4	5	7	9

Sudoku Puzzle 384

6	5	8	1	9	4	2	7	3
7	1	3	5	8	2	4	9	6
2	9	4	6	3	7	5	1	8
5	7	1	9	2	8	6	3	4
3	8	6	7	4	5	1	2	9
4	2	9	3	1	6	8	5	7
1	4	5	8	7	3	9	6	2
8	6	7	2	5	9	3	4	1
9	3	2	4	6	1	7	8	5

Sudoku Puzzle 385

4	3	8	2	7	5	1	9	6
2	7	1	4	9	6	5	8	3
5	6	9	8	3	1	7	2	4
6	9	7	3	5	2	4	1	8
3	1	4	6	8	9	2	5	7
8	5	2	1	4	7	3	6	9
9	4	5	7	1	8	6	3	2
1	2	3	9	6	4	8	7	5
7	8	6	5	2	3	9	4	1

Sudoku Puzzle 386

5	6	8	9	3	2	7	1	4
4	2	3	1	6	7	9	5	8
9	7	1	5	8	4	3	6	2
2	1	9	7	4	6	8	3	5
6	4	7	3	5	8	2	9	1
3	8	5	2	1	9	4	7	6
8	3	6	4	9	1	5	2	7
7	5	4	6	2	3	1	8	9
1	9	2	8	7	5	6	4	3

Sudoku Puzzle 387

6	2	3	8	5	1	7	9	4
1	8	9	6	4	7	2	3	5
7	4	5	9	3	2	6	1	8
4	6	8	5	1	9	3	2	7
5	7	1	4	2	3	9	8	6
3	9	2	7	8	6	5	4	1
2	5	7	1	9	4	8	6	3
9	1	6	3	7	8	4	5	2
8	3	4	2	6	5	1	7	9

Sudoku Puzzle 388

1	5	3	8	7	2	4	9	6
8	2	9	4	1	6	3	7	5
6	7	4	9	5	3	1	2	8
9	3	7	6	4	8	5	1	2
2	6	5	1	9	7	8	4	3
4	8	1	3	2	5	7	6	9
5	9	6	7	8	4	2	3	1
7	1	2	5	3	9	6	8	4
3	4	8	2	6	1	9	5	7

Sudoku Puzzle 389

8	2	4	1	3	7	5	9	6
9	7	5	6	2	4	3	1	8
3	1	6	9	5	8	7	4	2
6	4	3	5	1	2	9	8	7
5	8	1	7	9	3	6	2	4
7	9	2	8	4	6	1	3	5
1	5	7	2	8	9	4	6	3
2	3	9	4	6	5	8	7	1
4	6	8	3	7	1	2	5	9

Sudoku Puzzle 390

9	1	4	7	5	6	3	2	8
3	2	5	9	1	8	7	4	6
6	7	8	3	2	4	1	9	5
1	8	2	4	3	9	5	6	7
7	9	3	1	6	5	2	8	4
4	5	6	2	8	7	9	3	1
5	6	9	8	7	3	4	1	2
8	4	1	5	9	2	6	7	3
2	3	7	6	4	1	8	5	9

Sudoku Puzzle 391

3	2	5	1	9	7	4	8	6
7	6	9	5	4	8	3	1	2
1	4	8	2	3	6	7	5	9
5	1	4	3	6	9	2	7	8
6	9	7	8	1	2	5	3	4
2	8	3	4	7	5	9	6	1
8	7	1	9	5	4	6	2	3
4	3	6	7	2	1	8	9	5
9	5	2	6	8	3	1	4	7

Sudoku Puzzle 392

2	7	3	5	9	4	8	6	1
8	1	9	3	2	6	7	5	4
4	5	6	1	7	8	3	9	2
6	4	8	9	1	2	5	7	3
5	2	1	7	8	3	9	4	6
9	3	7	6	4	5	2	1	8
3	9	4	2	5	1	6	8	7
1	6	5	8	3	7	4	2	9
7	8	2	4	6	9	1	3	5

Sudoku Puzzle 393

1	4	8	6	3	9	2	7	5
9	7	6	4	5	2	8	3	1
5	2	3	8	7	1	6	9	4
3	9	1	5	4	8	7	2	6
4	8	2	9	6	7	1	5	3
6	5	7	1	2	3	9	4	8
2	1	5	3	9	6	4	8	7
7	6	4	2	8	5	3	1	9
8	3	9	7	1	4	5	6	2

Sudoku Puzzle 394

9	2	3	7	6	4	8	5	1
4	6	5	9	1	8	3	2	7
1	8	7	5	3	2	6	9	4
2	7	6	8	4	5	9	1	3
5	4	9	3	2	1	7	8	6
8	3	1	6	9	7	2	4	5
6	1	8	2	5	3	4	7	9
7	9	4	1	8	6	5	3	2
3	5	2	4	7	9	1	6	8

Sudoku Puzzle 395

1	8	4	2	5	7	3	6	9
9	6	3	4	1	8	2	7	5
5	7	2	6	9	3	1	4	8
8	9	1	3	2	6	7	5	4
7	3	5	8	4	9	6	1	2
4	2	6	5	7	1	9	8	3
6	4	7	9	3	5	8	2	1
2	1	9	7	8	4	5	3	6
3	5	8	1	6	2	4	9	7

Sudoku Puzzle 396

2	4	7	8	1	5	9	3	6
1	8	3	2	9	6	4	5	7
5	6	9	4	7	3	2	1	8
6	7	4	9	3	8	1	2	5
3	9	1	7	5	2	8	6	4
8	5	2	1	6	4	7	9	3
9	3	8	5	2	7	6	4	1
4	2	6	3	8	1	5	7	9
7	1	5	6	4	9	3	8	2

Sudoku Puzzle 397

5	9	1	7	8	3	4	2	6
2	8	3	1	6	4	9	7	5
4	7	6	5	2	9	8	3	1
7	2	9	6	5	8	3	1	4
6	4	8	9	3	1	7	5	2
3	1	5	2	4	7	6	9	8
8	5	2	3	9	6	1	4	7
9	6	7	4	1	5	2	8	3
1	3	4	8	7	2	5	6	9

Sudoku Puzzle 398

7	9	2	4	3	6	1	5	8
1	3	6	8	2	5	4	9	7
4	5	8	1	7	9	3	6	2
5	6	9	3	4	8	7	2	1
2	4	1	5	6	7	9	8	3
3	8	7	9	1	2	6	4	5
9	2	3	7	5	4	8	1	6
6	1	4	2	8	3	5	7	9
8	7	5	6	9	1	2	3	4

Sudoku Puzzle 399

3	1	8	7	4	2	5	9	6
5	2	6	1	3	9	7	8	4
9	4	7	8	5	6	2	1	3
4	5	3	6	7	8	1	2	9
1	6	9	4	2	5	8	3	7
8	7	2	9	1	3	6	4	5
2	8	5	3	6	4	9	7	1
6	3	1	2	9	7	4	5	8
7	9	4	5	8	1	3	6	2

Sudoku Puzzle 400

5	7	2	4	1	3	6	8	9
8	3	4	7	6	9	1	2	5
6	9	1	8	2	5	3	7	4
2	1	5	3	9	8	7	4	6
4	6	7	1	5	2	8	9	3
9	8	3	6	4	7	5	1	2
1	4	9	5	8	6	2	3	7
7	5	8	2	3	4	9	6	1
3	2	6	9	7	1	4	5	8

www.ingramcontent.com/pod-product-compliance
Lightning Source LLC
Chambersburg PA
CBHW082339220526
45470CB00008B/2568
9798327479937